苹果绿色高效生产技术问答

赵小弟　强润妮　王文恒　主编

西北农林科技大学出版社

·杨凌·

图书在版编目（CIP）数据

苹果绿色高效生产技术问答 / 赵小弟，强润妮，王文恒主编 . —杨凌：西北农林科技大学出版社，2022.12

ISBN 978-7-5683-1198-4

Ⅰ.①苹… Ⅱ.①赵…②强…③王… Ⅲ.①苹果—果树园艺—无污染技术—问题解答 Ⅳ.①S661.1-44

中国版本图书馆 CIP 数据核字（2022）第 245019 号

苹果绿色高效生产技术问答

赵小弟　强润妮　王文恒　主编

出版发行	西北农林科技大学出版社
地　　址	陕西杨凌杨武路 3 号　　邮　编：712100
电　　话	总编室：029-87093195　　发行部：029-87093302
电子邮箱	press0809@163.com
印　　刷	西安浩轩印务有限公司
版　　次	2022 年 12 月第 1 版
印　　次	2022 年 12 月第 1 次印刷
开　　本	787mm×1092mm　1/16
印　　张	11
字　　数	186 千字

ISBN 978-7-5683-1198-4

定价：45.00 元

本书如有印装质量问题，请与本社联系

《苹果绿色高效生产技术问答》
编 委 会

主　编：赵小弟　强润妮　王文恒

副主编：张　宁　寇小剑　寇　艳

编　委：赵小毛　张粉妮　白继莹　张海玲
　　　　郑海棠　杨　磊　马青青　王　飞
　　　　尉学宏　梁永红　刘林博　杨　勇
　　　　杨美丽

序

陕西的气候、光照、纬度、海拔等自然条件非常适宜发展苹果种植，加上灌溉技术、矮化种植技术，选果生产线等不断发展，陕西苹果成为乡村振兴的主导产业。全省苹果面积已经达到62公顷，其中淳化县2.4万公顷，占全省苹果总面积的3.8%，跃居全省苹果产业发展重点县行列。

赵小弟、强润妮、王文恒等从事苹果生产几十年，在苹果技术研究、调查与推广方面工作扎实，善于总结，编写了"苹果绿色高效生产技术问答"一书。该书主要论述了了苹果的栽培模式、新品种及新砧木、果园建设、土肥水管理、树体管理、病虫害防治等内容。且一问一答，叙述简练，通俗易懂，图文并茂。该书出版发行对陕西及黄土高原地区苹果产业转型升级及高质量发展具有指导意义。

本人乐之为序，希望本书早日与读者见面，为我国苹果产业提质增效及乡村振兴做出更大贡献。

国家苹果产业技术体系原栽培与机械研究室主任
西北农林科技大学教授、宝鸡苹果研究院院长
李丙智
2022年12月于宝鸡市千阳县

前 言

苹果是淳化县县域经济发展的主要支柱产业，目前全县苹果面积已发展到 2.4 万公顷。由于不少果农长期以来习惯于数量效益的生产模式，果园管理技术落后，措施不到位，导致果业生产整体水平不高，果品质次价低，果业生产经济效益普遍低下。因此，全面普及果园科学管理技术知识，努力提高果园综合管理水平，不断提高果品质量，切实增加农民收入，已成为摆在全县广大干部和果农面前的重要任务。

《苹果绿色高效生产技术问答》一书，是依据"咸阳马栏红"苹果标准综合体为基础，结合淳化县苹果生产实际，针对广大干部群众普遍关心的苹果生产管理技术问题，以简明扼要的问答形式进行了诠释。本书共分为建园、土肥水管理、树体管理、病虫害防治、苹果新品种介绍、附件 6 部分，图文并茂，语言通俗易懂，可操作性强，对当前果园转型升级、提质增效方面有着深远的指导意义。

由于时间仓促，加之编者水平有限，书中不妥之处在所难免，敬请广大读者指正。

编者

2022 年 10 月

目 录

建 园 ·· 001

果业发展的新动向是什么？··003
矮化砧与短枝型苹果有何异同？···003
今后苹果生产适宜栽植哪些品种？··003
苹果育苗应当选什么作基砧？··004
什么是实生苗？··004
什么是速生苗？··004
什么是健壮苗？··004
什么是带病毒苗木？···005
什么是嫁接苗？··005
什么是自根砧苹果苗？···005
什么是矮化中间砧苹果苗？···005
什么是青砧？···005
青砧的优势是什么？···006
G935抗重茬砧木与自根砧M9T337的区别是什么？·······················006
G935抗重茬无病毒组培苗的优缺点都有啥？······························006
果树种子如何层积处理？··007
旱塬地区如何育苗？···007
育苗经常用的芽接法怎么操作？···007
什么是枝接？···008
什么是劈接？···008
嫁接后怎么管理？···008
什么是压条繁殖？···008

如何做好压条圃的建立与管理？……………………………009

如何做好组培繁殖法？………………………………………009

如何选择园地？………………………………………………009

建园时如何做到避开冻害？…………………………………009

如何选择苗木？………………………………………………010

如何科学开挖定植坑（沟）？………………………………010

苗木处理新方法有哪些？……………………………………010

苹果树为什么要配置授粉树？………………………………011

果园用海棠作授粉树有何优点？……………………………011

不同苹果品种如何配置授粉树？……………………………011

什么叫带叶移栽？有何好处？………………………………012

如何确保栽植成活率？………………………………………012

目前苹果树栽植选多大的密度合适？………………………012

淳化县苹果树适宜在什么时间栽植？………………………013

定植后矮化砧入土深度如何把握？…………………………013

确保树苗成活的技巧？………………………………………013

新栽果树如何定干、套（缠）干？…………………………014

矮化果树如何设立支架系统？………………………………014

合理密植园，永久株与临时株如何区分管理？……………014

新栽果园间作原则是什么？…………………………………014

新栽果园应选择哪些间作物？………………………………015

幼树冬季抽条原因及防止方法是什么？……………………015

大树秋季移栽时，几月份最好？……………………………015

为提高大树移栽成活率应注意哪些问题？…………………015

土肥水管理…………………………………………………017

果园生草有哪些好处？………………………………………019

淳化适宜在果园种什么草？…………………………………019

长柔毛野豌豆具有哪些特点？……………………………………019
什么是果园"五配套"技术？……………………………………020
沼液有何妙用？……………………………………………………020
清耕果园土壤如何管理？…………………………………………021
秋季深翻园地有什么好处？………………………………………021
苹果树根系在一年中如何生长？…………………………………021
苹果树生长发育需要哪些营养元素？……………………………022
苹果树不同树龄阶段需肥有什么特点？…………………………022
渭北旱塬苹果树施肥中存在的突出问题是什么？………………022
果树生长必需的营养元素都有哪些？……………………………023
如何做到果树正确施肥？…………………………………………023
什么叫"配方施肥"？……………………………………………024
什么是"巧施肥"？………………………………………………024
土壤有机质在果品生产中的重要性是什么？……………………024
如何解决有机肥不足的问题？……………………………………025
给苹果树施生粪好不好？…………………………………………025
如何施好基肥？……………………………………………………025
基肥什么时间施效果最好？………………………………………025
苹果营养转换吸收及各器官生长发育规律是什么？……………026
秋施基肥应选用哪些肥料？量多少为宜？………………………026
施基肥采用哪些方法？……………………………………………026
苹果树一年追几次肥为宜？………………………………………027
第一次追肥在什么时间进行？……………………………………028
苹果树如何做到巧施肥？…………………………………………028
果实膨大肥什么时间追？追什么肥？……………………………029
叶面喷肥有什么作用？……………………………………………029
怎样合理使用叶面肥？……………………………………………029
如何科学叶面喷施微量元素肥？…………………………………030
根外喷肥需注意什么？……………………………………………031

氨基酸、黄腐酸、腐植酸有什么区别？怎么使用才科学？ …031
如何正确使用草木灰？……………………………………032
简易肥水一体化怎样施肥？………………………………032
肥水一体化施肥有什么好处？……………………………033
施肥应注意什么问题？……………………………………033
果树花期根外追肥要注意什么？…………………………034
怎样为苹果补钙？…………………………………………035
苹果花芽分化肥应不应该追？怎样追？…………………035
果实膨大肥什么时候追最好？……………………………036
常用肥料的吸收利用率是多少？…………………………036
苹果树一年中需水特点是什么？…………………………036
旱塬地区如何解决苹果树的缺水问题？…………………037
起垄覆膜有哪些好处？……………………………………037
覆膜保墒的意义？…………………………………………037
覆膜为什么要选择黑色地膜？……………………………038
覆膜保墒的具体时间是什么？……………………………038
覆膜保墒如何选择地膜？…………………………………038
覆膜保墒有哪些具体操作步骤？…………………………039
什么是覆草保墒？…………………………………………039
覆草保墒的作用？…………………………………………039
覆草保墒的优缺点是什么？………………………………039
覆草保墒的具体操作技术是什么？………………………039
尿素能代替除草剂吗？……………………………………040
化学除草具体怎么操作效果好？…………………………040

树体管理………………………………………………041

目前，苹果树整形修剪中存在的主要问题是什么？……043
苹果树整形修剪的发展趋势是什么？……………………043
整形修剪什么时候开始为佳？……………………………043

整形修剪在果树生产当中主要起什么作用？……………043
如何选培合理科学的树形？……………………………044
什么叫高纺锤形树形？…………………………………045
什么叫细长纺锤形？……………………………………045
什么叫自由纺锤形？……………………………………046
什么叫小冠开心形？……………………………………046
开心树形有什么优点？…………………………………046
开心形与传统主干疏层形比较有啥显著特征？………048
怎么培养小冠开心形树形？……………………………048
新栽幼树整形时应注意什么？…………………………051
高纺锤形树形如何整形修剪？…………………………051
什么叫"大改形"？………………………………………052
改形后的树相指标是多少？……………………………053
高纺锤形树形怎样调控产量？…………………………053
改形后修剪的方法有哪些？……………………………053
如何间伐？………………………………………………053
怎样提干？………………………………………………054
怎样疏枝？………………………………………………054
疏枝应注意哪几个方面？………………………………054
如何控冠？………………………………………………055
怎样落头？………………………………………………056
如何科学回缩？…………………………………………056
改形中应注意哪些问题？………………………………057
改形后大的伤口如何处理？……………………………057
如何培养结果枝组？……………………………………057
如何刻芽？………………………………………………057
旺枝如何刻芽？…………………………………………058
背上枝咋处理？…………………………………………059
为什么要进行四季修剪？………………………………059

如何进行花前复剪？……060
如何进行夏季修剪？……060
如何进行环切？……060
虚旺枝如何分道环割？……060
如何捋枝？……061
如何摘心？……061
细小虚旺枝怎样抑顶促萌？……061
怎样扭梢？……062
如何进行秋季修剪？……062
拉枝有哪些好处？……063
啥时拉枝？……063
怎样进行拉枝？……064
拉枝到多大角度合适？……064
拉枝过程中应注意哪些事项？……064
为什么要进行疏花疏果？……064
如何进行疏花疏果？……065
疏果的具体要求是什么？……065
如何保花保果？……065
如何做好人工授粉？……066
如何预防果树花期冻害？……067
霜冻发生前后怎样补救？……068
淳化县苹果园每 $667m^2$ 留果量应控制在多少为宜？……068
为什么进行果实套袋？……068
怎样才能提高套袋的效果？……069
如何检验育果袋的质量？……069
陕西省《苹果育果纸袋》的规定是什么？……069
什么时间套袋合适？……069
套袋的正确方法是什么？……070
套袋后应注意哪些问题？……071

富士苹果什么时间摘袋合适？……071
摘袋时应注意哪些问题？……072
采前如何提高果实色泽？……072
铺设反光膜有什么作用？……072
铺设反光膜前有哪些准备工作？……073
什么时间铺设反光膜合适？……073
铺设反光膜的具体操作方法有哪些？……073
反光膜铺后怎么管理？……073
反光膜铺后有哪些注意事项？……074
怎样摘叶转果？……074
苹果采收前应注意哪些问题？……076
苹果采收操作注意事项是什么？……076
什么是高接换优？有什么意义？……076
高接换优前如何准备品种与接穗？……076
高接树怎样进行骨架整理及接前准备？……077
高接换优什么时间嫁接？具体的操作方法是什么？……077
高接换优萌芽后怎样管理？……077
贮藏苹果应注意哪些问题？……078

病虫害防治……079

什么叫无公害果品？……081
什么是绿色果品？……081
什么是有机果品？……081
目前苹果病虫害防治存在哪些主要问题？……081
常见苹果病虫害都有哪些？……082
苹果病虫害防治的总体要求是什么？……082
如何做好农业防治？……082
如何做好物理防治？……083

如何做好生物防治？……083
如何做好化学防治？……083
果树如何刮皮？……083
冬季果园病虫害防治技术有哪些？……084
清园的作用是什么？如何清园？……084
春季清园药剂什么时候喷效果最好？……085
怎么搞果园药液二次稀释配制？……085
苹果树主干涂白的作用是什么？……086
如何进行涂白？……086
怎样配制涂白剂？……086
诱虫带的作用是什么？如何使用？……087
树干怎样捆绑草把？……087
苹果腐烂病怎样防治？……087
苹果霉心病怎样防治？……089
如何防治白粉病？……089
苹果锈病的发生特点和防治方法？……090
苹果早期落叶病如何防治？……092
苹果轮纹烂果病如何防治？……093
苹果炭疽病怎样防治？……094
苹果黑星病如何防治？……095
苹果苦痘病、痘斑病如何防治？……095
苹果套袋黑点病怎样防治？……095
小叶病如何防治？……096
黄叶病怎样防治？……097
苹果花腐病如何防治？……098
如何预防炭疽叶枯病？……098
如何预防苹果疫腐病？……100
苹果花叶病如何防治？……100
苹果虎皮病如何防治？……101

如何预防苹果贮藏期病害？……………………………101

圆斑根腐病怎么防治？………………………………102

我县苹果主要病毒病有哪些？如何防治？……………103

蚧壳虫如何防治？……………………………………103

金龟类如何防治？……………………………………104

卷叶虫类、星毛虫类如何防治？……………………104

苹果黄蚜如何防治？…………………………………105

苹果绵蚜如何防治？…………………………………105

叶螨类如何防治？……………………………………105

金纹细蛾如何防治？…………………………………106

绿盲蝽如何防治？……………………………………106

怎样进行桃小食心虫地面防治？……………………107

桃小食心虫树上如何防治？…………………………107

蠼螋如何防治？………………………………………108

如何防治蛀干害虫？…………………………………108

金龟子的预防技术有哪些？…………………………109

怎样防治鼠害（中华鼢鼠、瞎老鼠、瞎狯）？………109

苹果蠹蛾如何防治？…………………………………110

梨花网蝽如何防治？…………………………………111

蝽象如何科学防治？…………………………………111

叶蝉如何防治？………………………………………112

如何防治大青叶蝉的为害？…………………………113

如何配制波尔多液？…………………………………114

如何熬制石硫合剂？…………………………………114

如何配制糖醋液？……………………………………115

如何配制固体接蜡？…………………………………115

如何配制液体接蜡？…………………………………115

如何配制波尔多浆？…………………………………116

苹果树缺素症状及防治措施 ……………………… 117

- 如何防治果树缺氮？……………………………… 119
- 如何防治果树缺磷？……………………………… 119
- 如何防治果树缺钾？……………………………… 119
- 如何防治果树缺钙？……………………………… 120
- 如何防治果树缺镁？……………………………… 120
- 如何防治果树缺铜？……………………………… 121
- 如何防治果树缺铁？……………………………… 121
- 如何区别缺素症和病毒病症状？………………… 122
- 如何防治果树缺锰？……………………………… 122
- 缺锰与缺铁症状如何区别？……………………… 122
- 如何防治果树缺锌？……………………………… 123
- 如何防治果树缺硼？……………………………… 123

苹果新品种介绍 ……………………………………… 125

附　件 ………………………………………………… 147

- 苹果园春季防治病虫害八法 …………………… 149
- 生物有机肥的相关知识 ………………………… 151
- 陕西富士苹果生产分级标准 …………………… 154

建园

果业发展的新动向是什么？

随着社会的快速发展，果业迎来了前所未有的挑战。面对近几年果业发展新趋势的要求，大力发展矮砧密植省力化果园已成趋势，逐步降低乔化，增加矮化果树愈来愈受到市场的认可。

矮化砧与短枝型苹果有何异同？

矮化砧苹果	短枝型苹果
①栽后 2～3 年可结果。	①栽后 2～4 年可结果。
②每 667m² 栽植 50～80 株。	②每 667m² 栽植 80～110 株。
③灌水较少。	③要常灌水，尤其是 M23 号。
④不设支架，抗倒伏。	④可设支架，较抗倒伏。
⑤丰产性能高而稳定。	⑤丰产性能高而且稳定。
⑥苗木繁育容易。	⑥苗木繁育较难，适应性较广。
⑦适应性极广。	⑦果园树冠较整齐。
⑧果园树冠不整齐。	

今后苹果生产适宜栽植哪些品种？

根据淳化县自然条件和未来市场发展需求，海拔在 800～1000m 的地区（如固贤、方里、秦庄和石桥、车坞等乡镇），应主栽早熟、中熟、中晚熟品种，搭配少量晚熟品种；海拔在 1000～1200m 的地区（如秦河、铁王、卜家、润镇、车坞、城关、十里塬、马家、官庄、胡家庙等乡镇），主栽中晚熟和晚熟品种，适当栽植少量中熟品种。目前市场发展前景较好的苹果品种中，早熟有信浓红、秦阳、嘎拉优系、红津轻等；中晚熟品种有蜜脆、红王将、九月奇迹、弘前富士、秦脆等；晚熟品种有瑞雪、瑞阳、瑞香红和富士优系（长富2号、岩富10号、烟富系列、王富、2001富士）、ENVY、澳洲青苹等。

苹果育苗应当选什么作基砧？

苹果育苗应选用新疆野苹果、怀莱海棠或圆叶海棠作基砧，以新疆野苹果为基砧的苹果苗木抗寒性、抗旱性和抗病性强；以海棠作基砧的苹果根系发达，苗木健壮。目前矮化栽培中广泛使用M9T337作为矮化自根砧，早果性、丰产性强；G935矮化自根砧抗重茬效果明显；新型自根砧青砧1号根系发达，抗寒抗旱，比较适合渭北黄土高原。

什么是实生苗？

实生苗：指利用种子播种繁殖的砧木（特点：主根明显，根系发达，适应性强，寿命长，其发育阶段是从种胚萌芽开始）。缺点是果园整齐度差，果品一致性差，结果较晚。

什么是速生苗？

当年播种砧木种子，在6～7月离地面5～2m处嫁接品种，然后把砧木半打倒，让品种芽，发当年苗高1m左右，如果大肥大水，苗高可达到1m以上。

什么是健壮苗？

指能达到国家或地方苗木出圃标准的苗木，一般乔砧、矮化中间砧、矮化自根砧苗木多为2～3年生苗。

什么是带病毒苗木？

通过专门鉴定带有6种主要病毒的苗木，分别是苹果花叶病毒、苹果锈果病毒、苹果绿皱果病毒、苹果褪绿叶斑病毒、苹果茎痘病毒、苹果茎沟病毒。其中前2种在生产中比较普遍。但对苹果锈果病毒高接黄元帅后，就不显示病毒，减少生产损失。

什么是嫁接苗？

以来源于优良品种植株种条的枝或芽作为接穗（接芽），嫁接在砧木上培养获得的苗木。

什么是自根砧苹果苗？

自根砧苹果苗又称营养系砧木。是指利用苹果砧木的某一部分营养器官，例如枝、芽、根等经过培养生根（或生芽）而形成的砧木。再嫁接品种的苗木，又分为矮化自根砧和乔化自根砧。（特点：性状整齐，无变异，但根系浅，无主根，抗逆力差，发育阶段从母本树开始）

什么是矮化中间砧苹果苗？

通过种子播种，在基砧嫁接矮化砧木，在矮化砧木的20～30cm处再嫁接品种，形成的三段式苹果苗木。

什么是青砧？

青砧系列苹果矮化砧木是利用平邑甜茶与柱型苹果株系'CO'选育而成的无融合生殖苹果砧木。是用无性种子繁殖，植物特性遗传稳定，后代一致性好，繁殖速度快、成本低，是繁殖技术最为先进、前景最好的方式。属偏半矮化，约为乔化类树体积冠幅的60%。既具有优良的矮化性（横向生长小），又具有较强的生长力（纵向生长强）。

青砧的优势是什么？

经多点多年多品种组合试验结果表明，青砧具有矮化作用，主侧根发达、固地性好，抗逆性强，不用支架栽培；嫁接亲和性好；干性强，易抽生分枝，分枝角度开张，枝干比适宜，成形快；结果早，产量高；抗盐碱、耐重茬，非常适合旱塬发展苹果。总结为以下几点：

（1）抗逆性强，适应范围广——耐寒、耐旱、耐盐碱、耐瘠薄、抗重茬。

（2）干性强、易成形——主干挺拔，枝干比合适，自发性分枝多。每株分枝量40枝左右。

（3）早果丰产——带分枝大苗定植后，第2年开花、结果，3年初步见效，4～5年实现丰产。

（4）亲和性好——与品种嫁接亲和性好，无大小脚现象。

（5）建园成本低——根系发达，固地性好，无须支架，便于机械操作，省工省力，适宜规模化种植。

G935抗重茬砧木与自根砧M9T337的区别是什么？

G935抗重茬砧木木质部厚硬，耐旱性强，须根发达，有4～5根同样发达的主根，栽植的稳健性强于一般自根砧，在一定范围内可以进行无立架栽培。抗旱、抗寒性明显强于自根砧。

G935抗重茬无病毒组培苗的优缺点都有啥？

优点是抗旱，抗寒，抗盐碱，耐瘠薄，长势强旺，丰产性强，适宜在重茬地、盐碱地、瘠薄、条件差环境种植，可耐-30℃低温，主根强旺，须根密集，是M9T337种植有风险或条件不足地理环境的首选砧木，与品种亲和力强，未发现有严重大小脚和劈裂现象。

缺点是需要格架系统，在肥水特别好的中低海拔种植富士系品种，适当加大株距（长势强）。

果树种子如何层积处理？

苹果育苗选用的基砧种子必须在低温、湿润的环境下完成后熟，第 2 年才能发芽，以 3～7℃为最适，有效最低温度为 -5℃，有效最高温度为 17℃。将种子与沙子按 1∶5 的比例混合均匀，湿度为含水量 60%，即手捏成团，一触即散为宜，在背阴处挖坑深埋沙藏，种子应埋于当地冻土层以下，新疆野苹果沙藏 90d，海棠沙藏 60～80d，使种子完成后熟，第 2 年春种子露白后方可播种育苗。

旱塬地区如何育苗？

为了保证苗木质量和单位面积出苗率，旱塬地区育苗应采用"塑料小拱棚快速育苗技术"，选用新疆野苹果、怀来海棠或圆叶海棠作为基砧，种子经过层积处理后，于第 2 年"春分"前后整理苗床播种盖膜，"谷雨"前后当幼苗长至 7～8 片真叶时揭膜蹲苗，苗地覆 40cm 宽的地膜，施足底肥（每 667m^2 施有机肥 1500kg、磷肥 100kg、碳铵 50kg），将幼苗按 40cm×15cm 株行距移栽于膜上，栽植时要浇足水，待水下渗后覆土，幼苗成活后，要及时清除杂草、定时中耕、适时适量追肥、做好病虫害的防治，8 月中下旬幼苗基部距地 5cm 处粗度达 0.5cm 以上时开始嫁接。未成活的，下年春季补接，乔化苗第 2 年秋季成苗出圃，矮化中间砧苗第 3 年秋季成苗出圃。

近年来经过试验示范，推广使用新疆野苹果、怀莱海棠种子秋季直播技术育苗，圆叶海棠扦插技术育苗，M9T337 压条育苗技术，效果十分显著。

育苗经常用的芽接法怎么操作？

在砧木上嫁接单个芽片的嫁接方法。最常见的芽接方法是"T"形芽接，还有嵌芽接、方块芽接等。芽接法操作简便、快速、伤口小、宜接期长，接穗省、成活率高。不成活可以补接。

什么是枝接？

砧木上嫁接接穗枝段（含1个或1个以上芽眼）的嫁接方法。应用较多的是：皮下接（插皮接）、腹接、切接、劈接、舌接、蹲接、靠接、桥接等。

什么是劈接？

从砧木断面垂直劈开，在劈口两端插入接穗的嫁接方法。将接穗削成楔形，两个削面长度相近，长3cm左右，一侧比另一侧稍厚，削面最好削在芽的两侧形成一个救命芽。

嫁接后怎么管理？

（1）检查成活和补接。芽接10～15d后检查成活率。未成活的应进行补接。
（2）解绑、剪砧或折砧。一般春季剪砧，成活后及时解绑、剪砧或折砧。
（3）埋土防寒。严寒地区冬季应进行防寒。浇水施肥，防治病虫。
（4）除萌蘖。

什么是压条繁殖？

压条是将枝条在不与母株分离的状态下包埋于生根介质中，待不定根产生后与母株分离而成为独立新植株的营养繁殖方法。通常用于扦插不易生根的树种和品种。分为地面压条和空中压条两大类。

如何做好压条圃的建立与管理？

春季萌芽前建立压条圃。将圃地沿南北方向整成宽80cm的畦，在畦左右两侧挖深约25cm的压条沟，分别按照株距30m定植自根砧苗，并向右侧或者左侧压条沟倾斜45°，注意右侧第1株自根苗相对左侧树向前移动15cm开始定植。定植时左侧第1株砧木顶梢压向右侧第1株砧木根部，右侧第1株砧木定植后顶梢压向左侧第2株砧木根部，左侧第2株砧木定植后顶梢压向右侧第2株砧木根部，右侧第2株砧木定植后顶梢压向左侧第3株砧木根部，依次类推逐步压条，压条后自根苗基本保持水平状。压条结束后及时灌水，当自根苗上的新梢长度约30cm时，覆盖大约10cm厚的锯末并立刻灌水1次，以后随着新梢生长逐步增加锯末厚度。压条2年后拨开锯末，将已经生根的自根苗基部保留约2cm从母株剪离，集中在育苗圃定植。同时压条圃再次覆盖锯末培育自根苗。压条圃的日常管理工作主要是清除杂草，添加锯末，施肥灌水以及防治病虫害等。

如何做好组培繁殖法？

在生长期采取新梢先端2～3cm为外植体，也可在休眠期采取1年生枝条室内水培催芽后取幼梢为外植体。经过外植体消毒、增殖培养、诱导生根等过程，将在试管中的组培苗炼苗后移栽到穴盘，经过一定时间的锻炼移栽至苗圃。

如何选择园地？

园地要选在避风、光照充足、排水顺畅，土壤肥沃，交通便利的平地、滩地或坡度小于15°的缓坡地。

建园时如何做到避开冻害？

建园地点对遭受花期冻害的概率和程度起到至关重要的影响，选择园址时应坚决避开低洼地、盆地、峡谷地、山谷口等冷空气容易聚集、辐射霜冻容易发生的地带。山地建园应选择坡地的中上部，严禁在坡中下部建园。另外，霜冻易发区应选择花期晚、抗寒能力强的品种瑞雪、蜜脆等作为主栽品种。

如何选择苗木？

苗木应选用符合国家苗木标准的无病毒苗，以新疆野苹果、怀莱海棠或圆叶海棠为基砧，以M26或M106为矮化中间砧，或M9T337自根砧苗木。苗木发育要充实，芽子饱满，根系发达（主根长度不低于25cm），且有3个以上侧根，苗高1.5m以上，无机械损伤，无病虫为害，无检疫对象，乔化苗为2年生苗木，矮化中间砧苗为3年生苗木，矮化自根砧苗为2~3年生苗。

如何科学开挖定植坑（沟）？

对规划地块深翻后旋耕整平，放线定点，机械或人工开挖0.8~1m见方的定植坑（或0.8m的定植沟），春栽的坑（沟）在秋季土壤封冻前完成。秋栽的坑（沟）在夏季（7~8月）完成。每667m^2施腐熟的有机肥2000~3000kg，三元素复合肥15~30kg。施入肥料时要与土壤混匀，按照先表土后底土进行回填。对春季栽植的坑（沟），要进行灌水，以保证土壤沉陷夯实，以免栽树后土壤严重下陷。

苗木处理新方法有哪些？

栽植前，应严格区别品种，按照苗木大小、根系完整度、枝干伤损情况将苗木进行分级，修剪根系剪去伤根，用伤口愈合剂封闭主干伤口，并按大小类别和一定数量捆成小捆备栽。春栽苗木要在无风、背阴、低温且湿度保持在60%的地方做好假植或沙藏等贮藏工作。栽前在低度石硫合剂水溶液中浸根消毒吸水12~18h，然后用50倍80%的多菌灵、5%~10%的过磷酸钙和生根剂加细土和成泥浆蘸根，立即栽植。栽植时，要预留15%的预备苗假植于株间。

苹果树为什么要配置授粉树？

苹果树是自花不实或结实率很低的树种之一，为了提高产量和质量，必须在果园配置一定数量的授粉树。一般可采取每隔 2～3 行配置 1 行，也可采用等量配置。授粉品种比例一般占总株数的 20%～30%，与主栽品种距离最大不超过 30m，富士系应选新红星、嘎啦、金冠、海棠等作为授粉树。三倍体品种（乔纳金、陆奥、北斗等）绝对不能选作授粉品种用。规模化栽植可选用专用海棠作为授粉树。

果园用海棠作授粉树有何优点？

花期靠蜜蜂传粉概率低，如遇阴雨天气，异花授粉更差。美国专家采用圆叶海棠树作授粉树，其比例为 1∶6，发挥了该树种花量大，散粉时间长等特点。海棠每朵花的花药为 16～20 个，开花期 10～12d，能使苹果树授粉率显著提高。如能引进英国新培养的有 60 个花药，散粉 20d 的海棠，授粉率会更加提高，为苹果增产带来更大的潜力。

不同苹果品种如何配置授粉树？

主栽品种	授粉品种
富士系	王林 金冠 红星 嘎啦
华硕	富士系 嘎拉系
金冠系	富士系 元帅系
嘎拉系	富士系 元帅系
秦脆	嘎拉系
秦蜜	富士系 嘎拉系
瑞阳	富士系 嘎拉系
瑞雪、瑞香红	富士系 嘎拉系

什么叫带叶移栽？有何好处？

苹果树带叶移栽，就是把苗木或幼树在落叶前移栽到果园里，时间在秋季9～10月份。试验证明有下列好处：

（1）带叶栽植的苹果树，当年根系能迅速形成愈伤组织，并发出一定数量的须根，增加果树抗寒性，避免了落叶栽树因根系未恢复正常而造成地上部失水抽条现象。

（2）由于根系恢复得快，缩短了来年的缓苗期，有利于快长树、早成形、多结果。

（3）可利用秋季多雨、天气凉爽、水分蒸发量少的特点，提高成活率。

（4）延长了栽植时间，给果树生产妥善安排劳力提供了方便。

如何确保栽植成活率？

栽植前对幼苗进行精细修剪，剪齐根系断茬，剪除受伤根，剪除嫁接口处干桩，放入0.3%的磷肥水或清水中浸泡12h，栽植时蘸生根粉，一定要挖大坑，施足底肥（每穴施腐熟的优质有机肥15kg，磷肥1～2kg），栽植时要做到"一埋二踩三提苗"使根系与土壤充分结合，每株浇水20～30kg，待水下渗后覆土，及时覆膜，以利保墒、提高地温，确保苗木成活。高寒地区或遇到春寒时可给幼苗套上塑料袋，抗寒保湿，提高成活率。

目前苹果树栽植选多大的密度合适？

矮砧密植省力化果园是世界苹果发展方向，应大力提倡栽植矮砧密植模式，减少乔化栽植面积。在确定栽植密度时，乔化树采用4m×5m。矮化树采用2m×3.5m或2m×4m的密度栽植。矮化自根砧采用1m×3.5～4m。乔化果园必须确定临时株，永久株按照目标树形进行培养，临时株促其早结果，以提高前期经济效益。

淳化县苹果树适宜在什么时间栽植？

秋栽、春栽均可，秋栽时间于10月份栽植，注意土壤封冻前要压倒埋土，以防冻害及苗木抽干，于第2年春土壤解冻，气温回升后，3月份将苗木刨出，扶正。春季栽植于3月中下旬至4月上旬为好。淳化县春季干旱多风，如果栽植过早，遇低温多风天气，苗木容易抽干，不利于成活。

定植后矮化砧入土深度如何把握？

定植时，合理布局主栽品种和授粉品种，扶正苗木，纵横成行，边填土边提苗舒展根系并踏实。根据不同立地条件和土壤肥水水平来确定栽植深度，旱地果园应将自根砧或者中间砧埋土2/3以上（一般10cm左右），切记定植后要保证品种与砧木的嫁接口露出地面，避免品种生根。

确保树苗成活的技巧？

定植后整修树盘，灌透水，待水下渗后覆土封坑并覆膜。要求树下留1～1.5m宽营养带。春栽幼树在整平后用地膜覆盖树盘或通行覆盖地布，揉湿保墒促生长，地膜两侧、断口、破洞及树苗基部要用土压实。

新栽果树如何定干、套（缠）干？

根据苗木质量确定定干高度。无分枝苗在饱满芽段上部定干；分枝大苗在中干延长头饱满芽处短截。同一片果园或同一行树的定干高度要相对一致，定干后剪口涂抹愈合剂。树干可以套塑料筒膜，以利于防寒越冬。

矮化果树如何设立支架系统？

顺栽植行设立水泥柱或钢管支柱，支柱高度 4～3.5m，间隔 10～12m。第一道铁丝距离地面 0.5m，第二道铁丝距离地面 1.6m，第三道铁丝距离地面 2.4m，第四道铁丝距离地面 3.1m，幼树期和风大的地区在每株树旁立竹竿作立柱，固定在铁丝上，幼树绑在竹竿上以支撑中干。

合理密植园，永久株与临时株如何区分管理？

合理密植，可以提高前期经济效益。但一定要将永久株与临时株区分开来管理，否则又会走大改形的老路，永久株随着树龄的增长，密度的下降，树形按细长纺锤形（1～7年）、自由纺缍形（8～14年）、小冠开心形（15年以上）逐步培养，临时株不讲究树形，促其多发枝，可采用环切、环剥等手段，促其早结果，以提高早期经济效益，当临时株影响到永久株生长时，对其主枝进行回缩、疏除，直至将其全部挖除。

新栽果园间作原则是什么？

选择作物生长期短、吸收土壤中养分和水分较少、大量需水肥期与果树生长旺期不一致、病虫害少、不是果树病虫害的寄主。间作物植株还必须低矮，利于果园通风透光，能提高土壤肥力，改良土壤结构，并能获得较大经济效益。绝对禁止高秆作物进行矮化果园间作。

新栽果园应选择哪些间作物？

国内外经验证明，最好的间作物是豆类，其次为薯、菜、药用植物、草本水果如草莓。其中以药用植物收益最高。豆类以引进的白芸豆、双绿豆产量高，可出口，不仅经济效益高，而且根瘤菌即固氮菌又可改良土壤。薯类有利于果园保墒。药用植物以豆类药用植物间作最理想，一般间作的有黄芪、地黄、丹参、党参、甘草、白芍、白菊、红花、牡丹。还可在果树树盘中种植食用菌。

幼树冬季抽条原因及防止方法是什么？

由于矮化苹果幼树抗寒能力较差，可发生程度不等的越冬抽条现象，其主要原因是气温低所致，其次苗木病弱，管理不周也会引起抽条，撞伤也是引起抽条的原因之一。防止抽条的办法是：壮苗定植、加强管理、打药防虫，秋季控制肥、水，秋末摘心促壮、加强越冬保护。

大树秋季移栽时，几月份最好？

一般在深秋进行（11～12月），以落叶后至土壤封冻前最好。

为提高大树移栽成活率应注意哪些问题？

（1）尽量带土：树龄愈大愈要多带土，最好带上土球，如果运输距离较远时，为防止土球散掉，还应用草绳或编织袋包扎，编织袋在定植时要去掉。

（2）修剪：枝叶要去掉3/4，可结合果树整形或品种更新进行，可将树体骨架一步整理到位，如果需要改换品种，可采用高接换头的方法进行，要多留接头，一棵树可留几十个到上百个接头，以便快速恢复树冠。所有剪锯伤口，必须进行保护处理，防止水分散失和病菌感染。根系也要进行修剪，剪掉损伤较严重的根，剪口呈斜面，以利水分吸收。

（3）定植要及时，越快越好，必须当天定植。

（4）定植时要坑大土好，有条件的可施入腐熟的土粪。

（5）水要浇透：栽好踩实后，就要及时浇水，一次性浇透。一般情况下，每10d浇1次水，在浇水困难的地方，浇水后在树坑上覆盖塑料膜，以减少水分挥发。保护根部土壤潮湿。

（6）在风大的地方还要固定，新栽的树最怕风摇，风摇影响根系与土壤的密切接触，不利毛细根的发生及伸张。栽后可用木棍三角形固定。

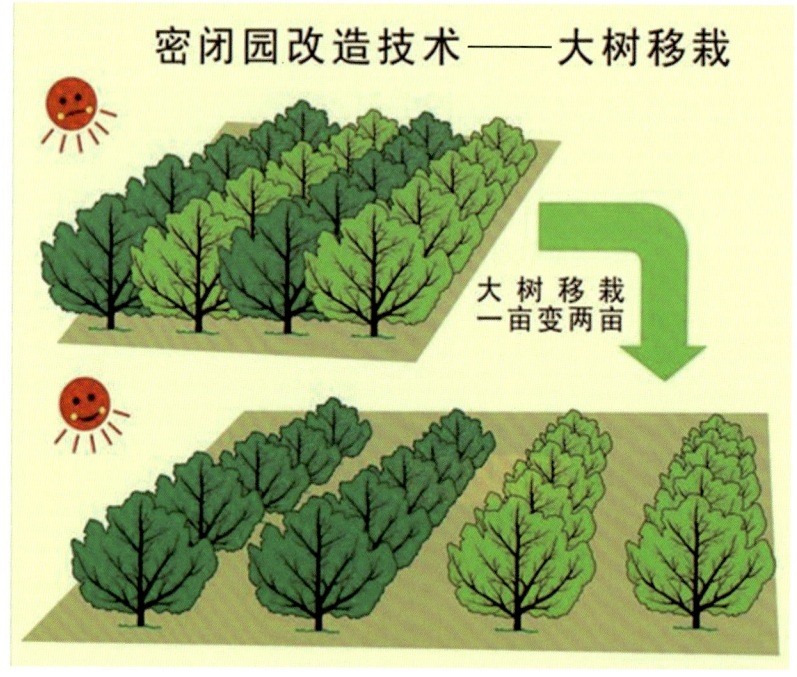

（该图片引用张立功老师）

土肥水管理

果园生草有哪些好处？

（1）能增加土壤有机质含量，培肥地力：果园种草可以为家畜提供充足的饲料，通过过腹积累大量优质有机肥，同时，果园生的草刈割后覆盖于地面，腐烂后变成有机质。据统计，种草果园，每667m^2每年产的草腐烂后变成的有机质相当于给果园施入2000～2500kg优质有机肥，每年园地有机质含量可提高0.1%。

（2）改善果园小气候：夏季生草园气温比清耕园低1.7～2.7℃，空气相对湿度比清耕园高10%～20%，可降低地表温度2～3℃，冬季减少冻土层厚度，春季能提高地下温度1～2.5℃，促使根系提早生长。

（3）保持土壤水分：草层能防止水土流失，阻止土壤水分蒸发。

（4）多产优质果：由于土壤水肥状况改善，果树易成花、果个大、果形正、着色好、优果率高。果实内在品质也得以提高，耐贮性增强。

（5）有利于生产绿色无公害果品：生草可减少化肥用量，增加天敌数量，降低害虫的密度，可减少农药使用次数和数量。

（6）增强光合效能，有效克服缺素症。

淳化适宜在果园种什么草？

多年的生产实践经验证明，适宜淳化县的草种主要有白三叶、红三叶、油菜、黑麦草、高羊茅和豆类等，有灌溉条件的果园选用白三叶、黑麦草、高羊茅，春、夏、秋灌水后趁墒条播或撒播；旱地适用红三叶、白三叶、油菜、豆类，春末、夏初或借雨后趁墒条播为好。

长柔毛野豌豆具有哪些特点？

（1）长柔毛野豌豆适应能力强。

（2）与其他豆科植物一样，具有固氮作用，果园种植长柔毛野豌豆，结合自然生草能全面提升土壤综合肥力。

（3）长柔毛野豌豆种子无休眠，浸水24h后就能萌发生长，具有"落地生根"的特点。

（4）具有冬小麦的特性，秋季播种或当年萌发生长的小苗，经过一个冬季的冷冻过程后，春季爬蔓生长，长势很旺，很容易盖满地面，不仅其他杂草无法生长，而且可减少水分蒸发，具有涵养水源的作用。

（5）根系浅，茎木质化程度极低，耗水性小，6月结豆荚后，植株很容易腐烂，无须刈割，具有"节水""省力"特点。

什么是果园"五配套"技术？

果园"五配套"是"果、草、牧、沼、水"。即建立以果为目标，以草为基础，以畜禽为载体，以沼气为纽带，以水为媒介的物质能量循环链。要求一般5亩（1亩≈667m²）果园行间生草，养5头猪或300只鸡以上，在果园内建一个10m³的沼气池，一座20～40m²的太阳能猪圈，猪尿粪入池发酵，一眼10～20m³的水窖，通过割草喂猪、鸡，粪便入池发酵，沼渣、沼液作为有机肥在果园施用，以提高土壤肥力，净化果园环境，降低生产成本，达到了保墒、抗旱、增草、促畜、肥土、改土的作用。

沼液有何妙用？

沼液除含有氮、磷、钾外，还含有果树生长发育所需多种养分和微量元素及氨基酸，且大多数呈速效状态。微生物在分解发酵原料时分泌出的多种活性物质具有刺激植物生长的作用，而且含有抑菌和提高果树抗逆性的激素、抗生素等有益物质。

（1）蚜虫：沼液14kg，洗衣粉溶液0.5kg（洗衣粉∶水=0.1∶1）配成沼液复方治虫剂。喷雾35kg/（667m²·次），第2天再喷1次，防效96%以上。

（2）防治红蜘蛛：沼液原液或添加少量农药（1/1000～1/3000的灭扫利），

杀虫卵率达100%，药效期可持续30d以上。

（3）沼液涂刷树干，可防治苹果树腐烂病。

（4）沼液灌根，防治根腐病、黄叶病、小叶病等生理病害，对因灾害引起的衰弱树势有明显的恢复效果。

（5）提高抗逆性。

用沼液适期喷施果树叶片，使叶片肥大，色泽浓绿，增强光合作用，有利于花芽分化。花期喷施能提高坐果率，果实生长期喷施可使果实增大，提高产量和质量。干旱时使用，可使果树叶片气孔变小，起抗旱作用。

清耕果园土壤如何管理？

清耕果园生长季节在雨后要及时中耕，保持土壤疏松，中耕深度10～15cm，以利于调温保墒。一般4～9月份每月进行1次。雨季来临立茬不平，雨季结束耙平园地。同时要确保有机肥的施入量，每年每667m^2施入优质有机肥4000～5000kg。以确保果树的正常生长发育及果品产量、质量的提升。

秋季深翻园地有什么好处？

秋季深翻园地可以将表层熟化土壤翻入下层，将下层生土翻上，促使土壤熟化，具有改良土壤理化性质的作用。同时，将表层越冬病原菌埋入深层，将越冬虫卵翻上地表冻死，因为蝼蛄、金龟子、金针虫、地老虎等地下害虫，冬季均生存在土中；桃小食心虫、梨花网蝽、蚜虫等害虫喜欢在地缝、杂草内产卵或以成虫、蛹、幼虫等形态越冬，这样做达到再次清园的效果，降低病虫基数，可有效减少来年的喷药次数。另外可蓄积雪水，涵养水源。

苹果树根系在一年中如何生长？

苹果树是多年生、深根性的落叶果树。苹果树根系在适宜条件下可常年生长，生长势的强弱和生长量的大小受外界环境条件和地上部活动的影响。根系一年有 2～3 次生长高峰；一般当根系所在土层温度达到 0℃ 以上时开始活动，3～4℃ 以上时开始生长。7℃ 以上生长加快，14～21℃ 为最适。

低于 0℃ 或高于 30℃ 停止生长。春季，当树上开始抽发新梢时，根系生长达到第一次高峰，随着新梢的加速生长，根系生长转入低潮。这次高峰发根较多，主要靠上年贮藏营养生长。从春梢接近停止生长到果实加速生长和花芽分化之前（5 月底到 7 月初）出现第二次生长高峰。这时由于叶片多，光合能力强，制造养分多，所以根系生长时间长，且发根量大。果实采摘后随着叶片养分的回流，根系出现第三次生长高峰，这时由于土温适宜，墒情好，加之施入大量有机肥，发根多，生长量大。伴随气温降低，直到土壤封冻，根系进入被迫休眠状态。

苹果树生长发育需要哪些营养元素？

苹果树生长发育，不仅需要氮、磷、钾三要素，还需要钙、镁、铁、锌、硼、锰等微量元素。

苹果树不同树龄阶段需肥有什么特点？

幼树需氮肥多，应以氨态氮、尿素为主，磷能促使生根，施肥氮、磷宜大；初果树要适量减少速效氮肥，增加磷、钾肥；盛果期树对磷钾肥需求量增大，而对氮肥的需求减少；衰老树在保持磷、钾肥施足量的同时，适当增加氮肥用量。

渭北旱塬苹果树施肥中存在的突出问题是什么？

（1）果园土壤普遍瘠薄，有机质严重不足，绝大多数果园有机质含量不到 1%，仅在 0.7% 左右；果园长期滥施化肥，并偏重氮肥，土壤团粒结构被破坏，致使土壤肥力不足。

（2）果农普遍不重视施肥，选购质次价廉、养分不全的肥料，并减少施肥次数和用量。

（3）缺少施肥的基本知识和技术，肥种不合适，施肥时期不准确，施肥方法不科学、措施不规范等。

果树生长必需的营养元素都有哪些？

果树在生命活动中所必需的营养元素有16种，每种元素都有特定的功能，不能互相代替。按其树体中含量的多少分为两大类：一类是常量元素，如碳、氢、氧、氮、磷、钾等；一类是微量元素，如硫、钙、镁、铁、锰、锌、铜、钼、硼、氯等。果树在生长发育过程中缺乏某一种元素，都会出现生理病害，不能正常生长，导致降质或减产，甚至出现死树现象。在果树施肥时，除考虑主要的氮、磷、钾三元素外，还要考虑钙、锌、硼、铁、铜等元素的施用，才能使果树生长良好，并获得高产优质稳产，取得最佳的经济效益。

如何做到果树正确施肥？

（1）施肥离树干远近和深浅要合适：果树根系水平分布范围是冠径的2～4倍，所以，通常在树冠垂直投影的外缘位置，深度因树龄、土壤状况、根系分布深度而定：一般施基肥深度50～60cm，离树干越近，施肥沟（穴）越浅。施基肥沟（穴）要深，施追肥要浅（20～30cm）。

（2）施肥量因树势、挂果量、土壤肥力等而定：树龄越大，施肥越多；土壤肥力差的园地要多施，肥力好的园地要少施；弱树多施，强树少施；挂果多的树多施，挂果少的树少施。施基肥量按每1kg果施1.5～2kg有机肥的比例施入。一般每667m^2施圈肥不低于5000kg，在基肥不足时，可追施几次化肥，其量也要因树龄、土壤肥力、树势、挂果量等而定。

（3）施肥时间和种类因树体需肥特点而定：每年10月中下旬，苹果采收后，树体营养极度贫乏，需要补充大量全额的营养，因而应施基肥，以有机肥为主，辅之少量的速效氮肥和磷肥；土壤解冻后至萌芽前，树体要萌芽、开花、展叶、坐果需要充足的营养，因而应补追足量速效氮；在5月下旬至6月上旬进入幼果第一次膨大期及花芽分化期，树体需要充足的磷肥；果实成熟前30～40d进入果实第二次膨大期及着色期，树体需要足量的钾肥和少量的氮肥，

（4）苹果树是一个生物体，其生命过程中需要多种矿物元素和生物菌类等，因而施肥就是人为地补充这些元素和菌类，所以肥种选择要求不仅要补充大量元素氮、磷、钾及中量元素铁、锌、钙，还要追施硼、镁、硅等微量元素及生物菌类。

（5）施肥方法因施肥时期、施肥种类而定：可以采用地下施肥，也可以选用叶面喷肥、灌根等方法。地下施肥可选用条沟、环状沟、放射状沟、结合深翻全园撒施等方法。

什么叫"配方施肥"？

配方施肥就是根据土壤养分测定和树体营养测定结果及目标产量所需养分的总量，按照果树所需的各种养分的量进行施肥。

施肥量 =（果树需要总量 − 土壤供给量）/ 肥料利用率

什么是"巧施肥"？

"巧施肥"就是要根据果树生长发育过程中的需肥特点和果园土壤中水、肥、气、热、微生物的特殊要求，在对果园土壤和植株营养诊断的基础上，科学合理平衡施肥。果园施肥要坚持"三为主三结合"的原则，即：有机肥为主，化肥为辅，有机肥和化肥结合；根部追肥为主，叶面喷肥为辅，追肥与喷肥结合；大量元素为主，微量元素为辅，大量与微量元素结合。

土壤有机质在果品生产中的重要性是什么？

俗话说：庄稼一枝花，全靠肥当家。苹果生产也一样，园地肥力的高低，是能否生产优质高档苹果的关键。而土壤肥力的高低，主要取决于土壤中有机质含量的高低，有机质自身含有大量的营养矿物元素和多种菌类，而菌类能把土壤中不易被吸收的矿物元素转化为易吸收利用的。据测定，日本和新西兰等苹果管理水平高的国家，果园土壤中有机质含量高达4%～8%。据调查，土壤有机质含量高的果园，树体健壮，抗病性强，如果果园土壤有机质含量达到3%以上，苹果树腐烂病几乎不发生。因而增施有机肥，提高土壤有机质含量，是生产优质果品的基础。

如何解决有机肥不足的问题？

要积极广开肥源。一是大力发展畜牧业，养畜、养禽积肥；二是果园行间种草培肥；三是利用畜禽粪、厕肥经沼气池造肥；四是利用各种秸秆、杂草、树叶堆肥等多种途径解决有机肥源。

给苹果树施生粪好不好？

苹果树不能施生粪，因为生粪没有经过发酵腐熟，不便于根系吸收，并且生粪腐熟过程中产生大量热量，容易烧根，同时，生粪可诱发大量地下害虫。

如何施好基肥？

基肥能较长时间供给树体多种养分，肥力平稳而缓慢，应遵照"熟、早、饱、全、深、匀"的要求。"熟"即有机肥必须经腐熟再施；"早"即施肥宜于9月中旬至10月底施，越早越好；"饱"即施肥量要足；"全"即肥料养分要全；"深"即施肥深度宜深；"匀"即各种肥料与土壤搅拌均匀，施在根系集中分布层。

基肥什么时间施效果最好？

晚熟品种果实采收前10d到采收后10d施入效果最佳。早中熟品种采果后15d内施入。因为秋季土温较高，墒情较好，有利于土壤微生物活动，施入的有机肥腐熟快，易被根系吸收利用。试验数据表明，秋季施肥可以使氮、磷、钾、钙及镁的肥效分别提高1倍、5倍、3倍、2倍和2倍。

苹果营养转换吸收及各器官生长发育规律是什么？

（该图片引用张立功老师）

秋施基肥应选用哪些肥料？量多少为宜？

有机肥：按生产100kg苹果施150～200kg优质有机肥，并配入适量化肥。初果树每667m²施优质有机肥1500～2000kg，加尿素15～20kg，加过磷酸钙50～75kg；盛果树每667m²施优质有机肥4000kg以上，加尿素50kg，加过磷酸钙150～200kg，或选用有效含量50%左右的多元有机复合肥200～300kg/667m²加硅钙镁钾肥50～80kg/667m²。

施基肥采用哪些方法？

幼树结合扩穴采用"环状沟施"或"带状沟施"法，沟宽40～60cm，沟深

60～80cm，每年向外扩展直至全园翻遍。结果树宜采用"放射沟施"或"条沟施"法，沟宽沟深各 50～60cm，还可采用"全园撒施"法。上述方法应隔年交替轮换应用为好。

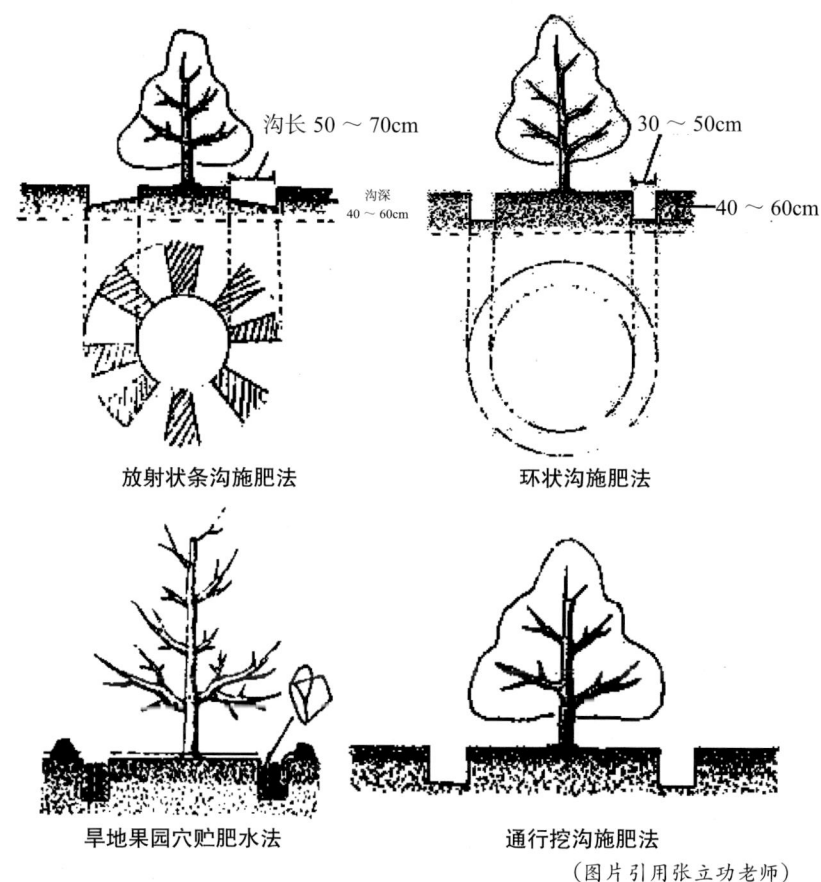

常见的几种施肥方式

苹果树一年追几次肥为宜？

追肥可提供补充树体短期需要的速效养分，根据我县实际情况，在施好基肥的前提下，一般一年追 2～3 次为宜，并要按照"适、巧、浅、匀"的要求实施，"适"即依据树龄、树势和目标产量于最需肥前施入所需的肥料；"巧"即施法要得当；"浅"即施肥土层宜浅（20～30cm 左右）；"匀"即肥料与土充分搅拌均匀后施入。

第一次追肥在什么时间进行？

在萌芽前追肥（即土壤解冻后），此时追肥可促进果树萌芽开花，提高坐果率和促进新梢生长，应施入以高氮为主的复合肥，辅助中量元素钙、镁和微量元素锌、铁、硼等。采用"穴施"或"浅放射沟施"法，每667m^2施肥量：幼树20～25kg，结果树40～50kg。

苹果树如何做到巧施肥？

一般苹果园施肥量有限或不足，怎样使有限的肥料充分发挥肥效，这就有个巧施肥的问题。

（1）根据叶分析、土壤分析数据确定施肥方案，按果树缺肥的实际情况施肥，才能做到合理施肥。

（2）施肥比例和施肥量：根据我县土壤状况，氮∶磷∶钾为1∶2∶1.5，每生产100kg苹果应施纯氮肥0.4～0.7kg，纯磷0.2～0.35kg，纯钾0.4～0.7kg，有机肥每667m^2需3m^3以上。按2000～3000kg/667m^2产量计算，在施有机肥的基础上，陕西省果树研究所推荐的施肥量是：全年追施纯氮（N）18～23kg/667m^2，纯磷（P_2O_5）13～16kg/667m^2，纯钾（K_2O）25～30kg/667m^2。

（3）肥料种类。

①以有机肥为主：可分别按每生产1kg苹果，施土粪2kg，或羊粪1kg，或鸡粪0.5kg来施肥。

②以化肥为辅，主要选用尿素、过磷酸钙、磷酸二铵、硅钙镁钾肥、硫酸钾、氯化钾或多元复合肥等。

③适量施有机无机复合肥，如氨基酸类＋无机复合肥、复合微肥等。

④生物肥，如固氮肥、生物钾肥、酵素菌肥等。

（4）施用时期。

①基肥：果实采收后施入全部有机肥，磷肥总量的90%，氮肥总量的40%，钾肥总量的20%左右。

②追肥：萌芽前，追施氮肥总量的40%。钾肥总量的20%；花芽分化前，施

钾肥总量的30%左右,磷肥总量的10%,氮肥总量的10%左右;果实膨大期,追施剩余比例的肥料。

(5)施肥方法。

①结合深翻秋季沟施有机肥和少量化肥。

②树盘内浅沟施追肥。

③叶面喷肥,一般浓度0.2%～0.3%左右。

果实膨大肥什么时间追?追什么肥?

在果实膨大前追肥,即早熟品种应6月上中旬,中熟品种于7月上旬,晚熟品种于8月中下旬,一般宜选用纯钾肥,如果树势弱或留果量过多可改用三元复合肥。

采用"穴施"或"井字浅沟施"法。每667m^2施肥量:成龄树硫酸钾60～70kg或三元复合肥80～100kg,或硅钙镁钾肥70～80kg。

叶面喷肥有什么作用?

叶面喷肥又称根外追肥,因用量少,见效快,且不受养分分配中心影响,可及时满足果树对某一营养之急需,特别对于前期生长补锌,叶片补铁,幼果补钙,生长中后期补磷钾,促进光合作用,增进果实品质效果明显。并可避免某些元素在土壤中被淋失、固定或发生化学的、生物的消减作用,方法简便易行,而被广泛应用。一般土壤施磷吸收率为17%,而叶面喷肥的吸收率却高达90%,尿素喷后8h吸收率达到50%,而土施在墒情好的情况下,约10d后才开始见效。

怎样合理使用叶面肥?

萌芽前树梢顶端喷2%～4%的硫酸锌、硫酸亚铁防治小叶病、黄叶病;

开花期喷0.2%～0.3%的硼砂,可提高坐果率;

幼果期(花后3～4周)对幼果喷0.2%～0.3%的高效钙(美林高效钙等)、CA2000钙宝、3%～5%的羊奶或牛奶等,可防治苦痘病、痘斑病、水心病,增加果实硬度，提高抗性；

花芽分化期喷施0.3%的磷酸二氢钾，可促进花芽分化、幼果膨大；

采前20～30d叶面果实喷0.3%～0.4%的磷酸二氢钾或硫酸钾，可促进果实着色，提高果实品质，增加树体抗性；

采果后叶面喷施2%～4%的尿素+氨基酸原粉400倍+清园药剂，可增加光合作用，利于养分生产积累和清园作用。

如何科学叶面喷施微量元素肥？

（1）针对小叶病的果园：春季萌芽前，喷施欣鲜（锌肥）6000～8000倍，或禾丰锌3000倍，或微补苗力（磷、锌，小叶病树缺锌程度愈重，叶子锌的含量愈低，磷锌比值愈高）1500～2000倍，或0.3%～0.5%的硫酸锌+0.3%～0.5%的尿素（锌与尿素混喷后，可显著提高叶子锌的含量和降低磷锌比）混合液2～3次，以促进展叶抽梢。也可选喷斯德考普（硼、锌、铁、铜、锰、钼复合微量元素肥料）4000～6000倍。

中国果树所研究结果表明，在缺锌苹果园于盛花后3周用0.2%的硫酸锌与0.3%～0.5%的尿素混喷的矫治技术。通过试验、示范点的典型调查，喷锌后坐果率提高15.8%～52.5%，病枝恢复率达90%，产量增加2.4%。

（2）盐碱地或缺铁黄化病严重的果园：展叶期，喷施顶绿（EDDHA-Fe）4000～5000倍，禾丰铁（EDTA-Fe）2000～3000倍，或绿得快（EDTA-Fe）2000倍。也可选喷斯德考普（内含硼、锌、铁、铜、锰、钼）4000～6000倍。

（3）果实畸形，偏斜果多的果园：在初花期和盛花期，各喷施1次微补硼力（硼肥）1500～2000倍，或速乐硼2000倍，以促进花粉管的延长，提高坐果率，保花保果。

（4）花后到套袋前，应连续喷施3～4次促进幼果表皮细胞发育的微补硼力（硼肥）2000倍+微补盖力（螯合钙）1000～1500倍，或果蔬钙肥（糖醇螯合钙）1000～1500倍，间隔10～15d。

值得一提的是，以上中微量元素肥料和硕丰481（天然芸苔素）8000倍混用，效果更好。

根外喷肥需注意什么？

（1）幼叶比老叶生长快，生理功能强，比较容易吸收肥料溶液。

（2）叶背气孔多，海绵组织细胞间隙大，茸毛多，有利于保持湿润状态，故叶背吸收肥料溶液，既多又快。

（3）叶片对矿质元素的吸收，因肥料种类的不同而异。如螯合态比化合态的利用率就高得多。

（4）温湿度对叶面吸收也有重要的影响。温度高、气候干燥，附着在叶面上的肥液就会很快干燥，从而降低叶片对肥料的利用率。

由此可见，在进行果树根外追肥时，必须掌握以下技术环节：一是要根据根外施肥的目的和时期，选择最佳的施肥种类和适宜的浓度；二是要在温度较低（18～25℃最佳）、蒸发量小的时间（如早晨露水未干或傍晚）喷布；三是要着重对叶背喷布；四是对偏碱的农用水必要时尽量采用柔水通等水质优化剂进行处理，以充分发挥肥效。

氨基酸、黄腐酸、腐植酸有什么区别？怎么使用才科学？

腐植酸是动植物遗骸，主要是植物的遗骸，经过微生物的分解和转化，以及一系列复杂的地球化学反应过程和积累起来的一类有机物质，是一种多价酚型芳香族化合物与氮化合物的缩聚物。广泛分布在低级别煤炭、土壤、水域沉积物、动物粪便、有机肥料、动植物残体等中。用于农业可作为营养土添加剂，生根和壮根肥添加剂、土壤改良剂、植物生长调节剂、叶面肥复合剂、抗寒剂、抗旱剂、复合肥增效剂等，与氮、磷、钾等元素结合制成的腐植酸类肥料，具有肥料增效、改良土壤、刺激作物生长、改善农产品质量等功能。腐植酸镁、腐植酸锌、腐植酸尿素铁分别在补充土壤缺镁、玉米缺锌、果树缺铁上有良好的效果；腐植酸和除草醚、莠去津等农药混用，可以提高药效、抑制残毒；腐植酸钠对治疗苹果树腐烂病有效。

黄腐酸是一种天然腐植酸中提取的短碳链分子结构物质。广谱植物生长调节剂，有促进植物生长尤其能适当控制作物叶面气孔的开放度，减少蒸腾，对抗旱有重要作用，能提高抗逆能力，增产和改善品质作用。用于土壤改良，复合肥的增效剂。可与一些非碱性农药混用，并常有协同增效作用。

氨基酸在植物生长中作用如下：①有机氮养分的补充来源。②金属离子的螯合剂。氨基酸具有络合（螯合）金属离子的作用，容易将植物所需的中量元素和微量元素（钙、镁、铁、锰、锌、铜、钼、硼、硒等）携带到植物体内，提高植物对各种养分的利用率。③植物体内多种酶活性促进剂。氨基酸是植物体内合成各种酶的促进剂和催化剂，对植物新陈代谢起着重要作用。但是，氨基酸在土壤中容易被细菌同化、分解，因此不宜作为基肥在土壤中施用，而是制成叶面肥料，喷在叶片上让植物直接通过叶面吸收氨基酸和其他元素。

如何正确使用草木灰？

草木灰富含钾，是生产上常用的钾肥，根施或浸泡液过滤后作为叶面补钾，效果极佳。但多数果农将草木灰与农家肥混合后，会造成钾素被固定或流失而失去肥效，正确的方法应是叶面喷施或根施，不能与农家肥或其他酸性肥料混合。

简易肥水一体化怎样施肥？

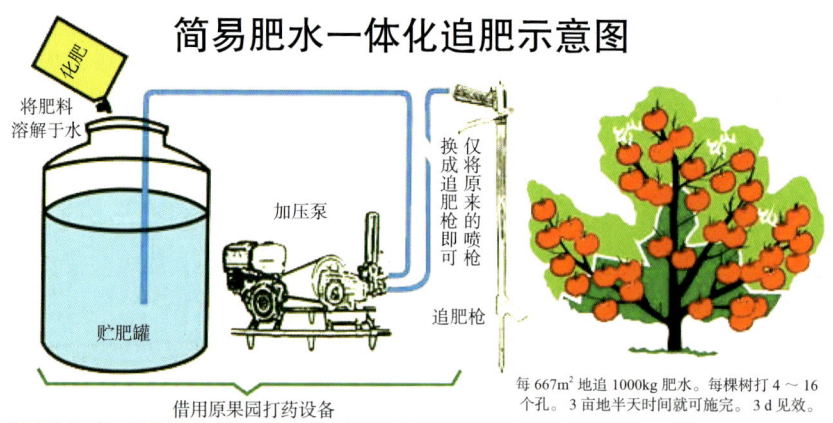

每 667m² 地追 1000kg 肥水。每棵树打 4～16 个孔。3 亩地半天时间就可施完。3 d 见效。

速效性、高效性、精准性、可控性、省力化、无损化

（该图片引用张立功老师）

简易肥水一体化施肥就是利用果园喷药的机械装置，包括配药罐、药泵、三轮车、管子等，将原喷枪换成追肥枪。再将要施入的化肥、水溶有机肥、微量元素肥等按一定的配方溶解于水中，用药泵加压后用追肥枪追入果树根系集中分布层，根据果树大小，每棵树打 4～16 个追肥孔，每棵树追施肥水 4～15kg。追肥位置在树冠投影外延。深度 20～30cm。追肥时应注意，一是对于树势偏弱、腐烂病、轮纹病、溃疡性干腐病（冒油点）以及挂果量大的果园，可在这个时期连续追肥 2 次，间隔半个月。二是对于连年施农家肥的果园，由于地下害虫较多，可以在肥水中加入杀虫剂，对于根腐病严重的果园，可在肥水中加入杀菌剂。简易追肥具有速效、高效、精准、省力、无损的特点。

肥水一体化施肥有什么好处？

（1）可以大幅度提高肥料利用率。

（2）可以解决旱地果园由于干旱肥料无法施入的问题。

（3）由于肥水结合，养分能快速被果树吸收，肥效迅速，解决了肥效延迟的问题。

（4）及时高效地为果树补充了水分，这点对旱地果园非常重要。

（5）利用追肥枪加压施入，可以避免挖坑对果树根系的损伤，不破坏土壤结构。

（6）对于能灌溉的果园，可以减少灌溉次数，避免大水灌溉造成的土壤板结和肥料流失。

（7）省工省时，采用追肥枪加压施入，可以大幅度地减少用工量，每 $667m^2$ 地只需 1 个多小时就可以完成作业。

施肥应注意什么问题？

（1）根域施肥时，应尽量避免损伤粗度 1cm 以上的根，随开沟随施肥，及时回填，注意护根保墒。

（2）有机肥最好先沤熟再施。

（3）肥料施入沟内，必须与土壤搅拌均匀，应施在根系集中分布层20～40cm，以利吸收利用，并避免烧根。

（4）叶面喷肥最好选在多云或阴天进行，也可在晴天下午4时后进行。叶面喷肥着重喷叶背面。

（5）最好开展土壤、叶片营养诊断，使用配方施肥技术。

（该图片引用张立功老师）

果树花期根外追肥要注意什么？

果树花期根外追肥有提高坐果率、增质和提高产量等作用，在生产上应用十分普遍。但也有因措施和操作不规范出现副作用，应注意：

（1）喷布要求：喷布要均匀、周到，喷头距花不能近于20cm。若喷高桩素，只喷花的一侧，易形成畸形果或偏斜果。

（2）气候因素：苹果花期最佳受精温度是22～25℃。低于22℃时，应在近中午时喷，如高于25℃时，应在10点前喷。喷高桩素类，应在空气湿度大（傍晚或晚上）时喷。

（3）大小年树：对坐果好的树种和大年树不宜盲目喷保花保果等药剂，否则，结果太多，会造成负载过量，增加疏果难度。

（4）喷布浓度：不同品种使用浓度不同，如喷苹果高桩素、保美灵，富士使用浓度为500倍左右，而喷新红星需800～1000倍液。

（5）合理混喷：矿质元素间有消减作用，如氮与钾、铜、锌；磷与铁、铜、锌；钾与锰、锌、钙等。这些元素混喷效果差。酸性与碱性不能混喷，以免失效或发生药害。

（6）雾化程度：雾化程度越高，喷布越匀，效果越好，不能用高压喷枪，而应用雾化好的喷头。

怎样为苹果补钙？

近年来，苹果套袋愈加普遍，随之而来的问题是套袋果实普遍表现缺钙，如痘斑病、苦痘病、水心病、裂口病等，给生产造成巨大损失，应采用下法进行补钙：

（1）碱性土壤，每 $667m^2$ 施入碳酸钙 60～70kg，连施 2～3 年，控制氮肥的施入量。

（2）增施有机肥，提高土壤保持钙的能力，果园土壤有机质含量大于 1.3% 时，很少出现苹果缺钙现象。

（3）叶面喷钙：钙元素移动性差，必须全程补钙（落花后 2 周开始）。喷 350 倍氨基酸和 800 倍氨钙宝液或 0.5% 的葡萄糖酸钙或 CA2000 钙宝 600 倍液，每 15d 左右喷 1 次，连喷 2～3 次。套袋苹果在套袋前连喷 2 次（幼果期最需钙），采前 40～50d 再喷 1 次。

苹果花芽分化肥应不应该追？怎样追？

苹果花芽分化一般在 6 月上中旬，在此之前的追肥俗称为花芽分化肥，但在 5 月中下旬多是干旱少雨，如果没有足量的水分供应，此时追肥不易被树体吸收，造成肥料损失，或待进入雨季后而被吸收，则会造成大量冒条，因而在无灌溉条件的果园，如果有足量的降雨，此时可追肥，否则不宜追肥，有灌溉条件的果园应当追。

果实膨大肥什么时候追最好？

对于挂果量较大的果园，一般在 7 月下旬至 8 月下旬追施 1 次果实膨大肥，选择每 667m² 追施硫酸钾肥 100kg+ 生物有机肥 80kg。这个时期追肥能促发新根，提高叶片功能，增加单果重，提高等级果率和产量，充实花芽及树体营养积累，提高树体抗性，为来年打好基础。

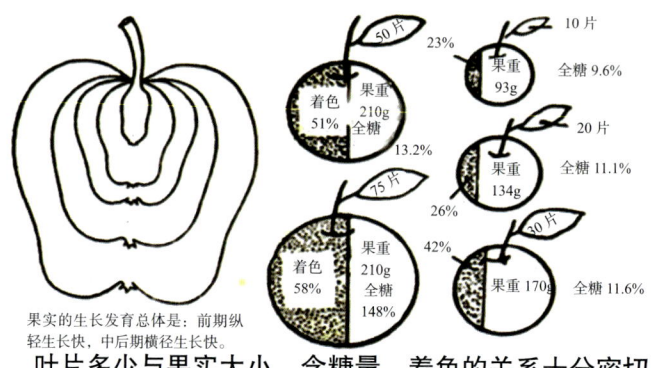

叶片多少与果实大小、含糖量、着色的关系十分密切

叶果比适宜有利于果实膨大、增糖和着色（图片引用张立功老师）

常用肥料的吸收利用率是多少？

肥料在土壤中被植物吸收利用是个不确定因素，常因土壤中持水量、土壤温度，土壤理化性质及植物根系生长情况而变，一般来说，当各种条件都适宜的情况下，各种常用肥料的利用率为：氮约为 50%，磷约为 30%，钾约为 40%，绿肥为 30% 左右，圈肥和堆肥为 20%～30%。

苹果树一年中需水特点是什么？

维持苹果树正常生长发育的土壤含水量约为田间持水量的 60%～80%，一般生长前期应保持在 80% 左右，在花芽分化期保持 60%～70%，生长后期约 70%。新梢速长期的 5～6 月，果实膨大期的 7 月下旬至 8 月需水量最多，称为需水临界期。果树花芽分化期，要适当控制土壤水分，持水量以 60%～70% 为宜。据研究：

盛果期的苹果树年蒸腾失水相当于 150～170mm 的降水量，树体直接利用的仅为 1/3 左右。如年降水量在 600mm 左右的地块，且全年分布均匀，基本可满足需要，而我县虽降水量在 600mm 左右，但分布不均，主要集中在 8～10 月份，以阵暴雨形式降下，加上地面径流，且风多而强，蒸发量大，易出现春旱、伏旱。为此，应积极创造条件，及时做好保墒，争取灌水，确保果树水分需求。

旱塬地区如何解决苹果树的缺水问题？

（1）提高树体自身的吸水力和抗旱性。即选栽抗旱性强的品种和砧木，增强根系吸水功能。

（2）保蓄和利用自然降水，可采取深翻园土，中耕保墒，覆盖保墒、种草、增施有机肥，提高土壤的蓄水功能。

（3）开掘水源，打井夯窖，挖蓄水池。推广"穴施肥水"技术，有条件的果园可推广渗灌、滴灌、微喷灌技术。

（4）减少无效消耗，采取及早疏除过密、过多树枝、花果，树干涂抹或树体喷布抗蒸腾剂等。

起垄覆膜有哪些好处？

果园行间覆盖黑色地膜，可有效地提高土壤温度，保持果园土壤水分，还能改善土壤物理性状，增加土壤团粒结构，增强土壤保肥和供肥能力，提高化肥利用率。起垄覆膜可以有效预防树势过旺，难以成花丰产，减少营养消耗。

覆膜保墒的意义？

干旱少雨是制约渭北苹果园优质高效生产与可持续发展的主要因素之一，特别是冬春季节的持续干旱使苹果树的正常生长发育受到不同程度的影响，其优势生产潜能未能充分发挥。因此，在渭北苹果产区冬春季果园保墒是果园全年土壤水分管理的重中之重。果园覆盖黑色地膜或者地布，能有效集蓄降雨、保墒抗旱、缓解需水难题。

覆膜为什么要选择黑色地膜？

覆膜时要选择黑色地膜，一是黑色地膜抑制杂草、延长地膜使用期，二是土温变幅小，三是对萌芽开花物候期没有影响。覆盖白色地膜，可使开花期明显提前，膜下杂草丛生，地膜容易穿孔而缩短使用期。

覆膜保墒的具体时间是什么？

（1）秋末冬初覆膜：秋末冬初覆膜在果园秋施基肥后立即进行，至土壤冻结前完成。冬季比较暖和、冻土层浅、风大的果园可在秋末冬初覆膜为好。

（2）春季顶凌覆膜：春季顶凌覆膜在土壤5cm厚的表土解冻后立即进行，越早越好。冬季比较寒冷、冻土层较深、风小的果园以春季顶凌覆膜为好。

覆膜保墒如何选择地膜？

（1）地膜的颜色：覆膜时要选择黑色地膜或表面银灰色内面为黑色的地膜，选择黑色地膜的原因，一是抑制杂草、延长地膜使用期，二是土温变幅小，三是对萌芽开花物候期没有影响。而覆盖白色地膜，可使开花期明显提前，膜下杂草丛生，地膜容易穿孔而缩短使用期。

（2）地膜的质量：地膜厚度要求0.008～0.012mm；质地均匀，膜面光亮，揉弹性强，耐老化性好。

（3）地膜的宽度：地膜的宽度应是树冠最大枝展的70%～80%，因苹果树的吸收根系主要集中在此区域内，膜面集流的雨水应贮藏在此区域。新植的2～3年幼树地膜宽度要求1m，并且单面覆膜，树干在膜面的中央，垄面两边膜宽各50cm；4年以上的初果期树根据树冠大小选择1～1.2m的地膜，在树盘垄面两边双面覆膜；盛果期树根据树冠大小选择1.4～1.5m的地膜，在树盘垄面两边双面覆膜。

覆膜保墒有哪些具体操作步骤？

（1）起垄：沿行向树盘起垄。垄面以树干为中线，中间高，两边低，形成开张的拱形，垄面高差 10～15cm 为宜。起垄时，将测绳外侧集雨沟内和行间的土壤细碎后按要求坡度起垄，树干周围 3～5cm 处不埋土。垄面起好后，用铁锹整碎土块、平整垄面、拍实土壤，即可覆膜。

（2）覆膜：覆膜时，要求把地膜拉紧、拉直、无皱纹、紧贴垄面；垄中央两侧地膜边缘以衔接为度，用细土压实；垄两侧地膜边缘埋入土中约 5cm。将地膜拉长 3～4m 后膜两边立即压土，渐次推进。

什么是覆草保墒？

果园覆草就是果园行间或树盘用作物秸秆、菜秆、菜叶等有机物覆盖果园行间或株间的技术。

覆草保墒的作用？

秸秆覆盖的主要作用是保墒，减少水分蒸发和地表径流，增加有机质和微生物数量，改善土壤团粒结构。

覆草保墒的优缺点是什么？

优点：保墒，增加地表水渗入土壤；增加土壤有机质含量，提高土壤肥力；土壤结构好，团粒结构增加；土壤温度变化缓慢，较稳定；抑制杂草生长，节省用工，推迟果树花期 6～7d，避免晚霜危害，提高坐果率，增加果园效益。

缺点：费材料、费工，果园成本增加；易发生鼠害和火灾；清园比较麻烦。

覆草保墒的具体操作技术是什么？

麦草、豆秆、玉米秸秆、菜秆、菜叶、树叶或杂草等作物秸秆和叶片，分行间覆草、树盘覆草，一般不宜地面全部覆盖，雨后或浇水后趁墒情好时进行。覆草前先施肥，再均匀地盖草并压实，覆盖细碎的草效果好。注意先中耕浅锄，耙平地面，顺行筑畦或方形树盘，然后盖草。两行间留出50cm作业道，近树干处留出20cm间距，以防根颈积水、缺氧。覆草厚度15～20cm为宜，不宜太厚，树行间留50cm宽的作业道，在覆盖物上要适当压土，以防风刮及火灾。覆草后一般不再耕翻，只需每年加盖一层草，连盖4～5年草后再翻耕。

尿素能代替除草剂吗？

尿素是完全可以除草的，使用方法是一般利用浓度2%～5%的尿素溶液，在高温期对杂草叶片喷施，可以烧死叶片，但暂时不能烧死杂草根系，如果等杂草再次萌发新叶片的时候，再用高浓度尿素喷，一般连续喷2～3次，杂草根系因为没有叶片制造养分而饿死，从而达到除草目的。但是，请注意这个除草方法只适合果园，果树高大，杂草低矮，只要小心定向喷雾，不会伤害果树，还会给果树增加土壤的N元素，但不适合低矮农作物，因为尿素在杀死杂草叶片的同时，也会杀死农作物。由于尿素除草对杂草嫩叶的伤害效果较好，建议除草时间在嫩叶初发期比较好，特别对1年生阔叶杂草非常有效。对草本杂草，可以用盖草能补杀1次，基本能完成全园除草的任务。

化学除草具体怎么操作效果好？

前期（萌蘖未出来之前）使用草甘膦，中后期（萌蘖出来之后）使用草铵膦（中后期恶性杂草较多，为保证效果可加入渗透力配合使用效果较好）。用药比例以900L水加7L效果最好。

树体管理

目前，苹果树整形修剪中存在的主要问题是什么？

（1）目标树形不合理、不科学，整形方法不当。留枝量过大，树冠过高过大，通风透光较差。

（2）栽植密度偏大，行间交接，株间重叠，群体通风不良，透光率低，田间作业不便。

（3）树体结构不当，长势不均衡，主干低，中干细，中央领导干优势不明显；级次多，冠幅大，枝间交叉重叠，大枝条多而粗长，角度偏小；小枝少而势弱，分布不均匀。

（4）结果枝与营养枝比例失调，结果部位上升外移，产量低且不稳，优质果率低。

苹果树整形修剪的发展趋势是什么？

苹果树树形培养由人为强造，变为自然理顺；主干由低干变为高干；树体结构级次由多变少；主枝由粗长变为细短；主枝开张角度由小变大，枝组由多分枝紧凑形变为单轴延伸、自然下垂的松散型；修剪由重冬剪变为四季修剪；修剪手法由重短截、多回缩变为以疏枝、缓放、适度缩剪为主。

整形修剪什么时候开始为佳？

在我县进入12月就可以开始冬剪，来年2月上中旬结束。

整形修剪在果树生产当中主要起什么作用？

（1）调节光照，就是通过一系列修剪措施，使果树群体分布及个体结构合理，枝条空间分布恰当，尽可能地减少通风透光不良区域，提高光能利用率。目前生产当中主要有幼树的树形建造和成龄郁闭果园的改造等。

（2）调节树势，就是通过不同的修剪措施，使果园各个个体之间以及每一个果树内部各枝条间生长均衡，既不过分旺长又不过分衰弱，树势健壮、平衡稳定。具体到修剪当中主要有：针对过旺枝条的分散极性，控制旺长，稳定成花；针对衰弱枝条的集中营养，回缩复壮等。

（3）调节负载，就是通过修剪手段，调整果树的花芽数量。对于花量过多的果树，通过花前复剪等措施以减少果树花芽数量，减轻疏花疏果的劳动量，减少果树营养浪费，使果树合理负载。对于花芽过少的果树，就要通过一系列调势促花措施使果树尽快成花。

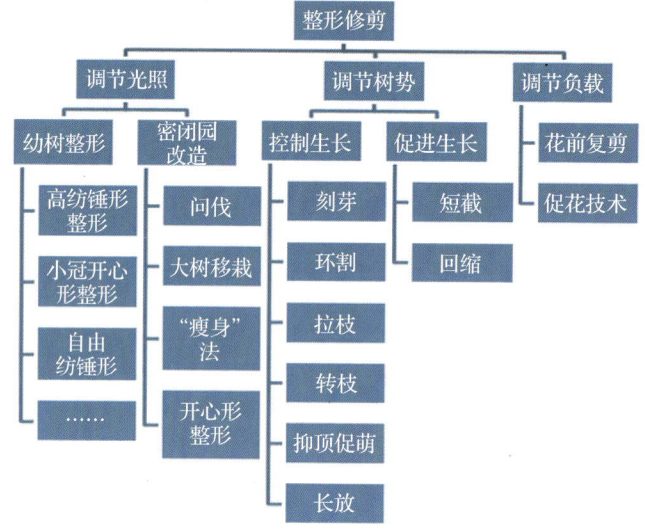

（图片引用张立功老师）

如何选培合理科学的树形？

（1）树形选培应采用动态管理的办法，根据树体不同树龄阶段生长发育特点和栽植密度的变化，选培不同的树形，为了确保良好的通风透光，便于田间作业，及时对树形进行调整和改造。

（2）在幼树期（1～7年生）通常采用细长纺锤形；在初果期及盛果前期（8～14年生）选用改良纺锤形，在盛果期（15年生以上）选用小冠开心形。

什么叫高纺锤形树形？

高纺锤树形起源于欧洲，采用高纺锤形需要应用矮化砧木（如M9、B9自根砧或M26、SH系中间砧等），其冠径为0.9～1.2m，树高3～3.5m，干高0.8～1m；中央领导干与同部位主枝粗度之比为5～6：1，主枝粗度基部直径最大不超过2.5cm；主干上配备小主枝30～50个，主枝水平长度最长不超过0.8m；主枝角度110°（较粗主枝角度可达130°），其上着生结果枝，采用一般结果，不留大型结果枝组，整个树呈纺锤形；成龄后的树冠冠幅小，枝量充沛，结果能力强，无大主枝存在。

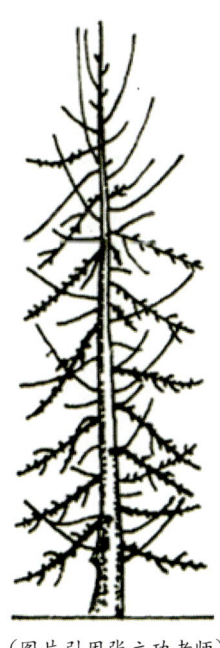

（图片引用张立功老师）

什么叫细长纺锤形？

干高90～100cm，树高2.5～3m，冠径为行距的3/4，中心干顺直健壮，其上均匀配备14～15个临时小主枝，插空排列，螺旋上升，间距15cm左右，小主枝基角开张角度90°～100°，中心干与小主枝粗度比为5～6∶1，小主枝两侧每隔15cm左右错生培养一个单轴延伸呈下垂状的小型结果枝组，全树修长，上下短、中部略长，呈纺锤形。

什么叫自由纺锤形？

干高90～100cm，树高3～3.5m，冠径为行距的3/4，中干比较直顺，基部错生3个永久性主枝，枝展1.3～1.5m，主枝基角开张角度为90°，在其两侧，每隔20～30cm配备一个中小型枝组，中心干中上部选培7～9个生长中庸、插空排列、单轴延伸的临时小枝组，枝展1～1.2m，开张角度90°～110°，中心干与小主枝粗度比为3～4∶1，小主枝上每隔20～25cm错生配备一个单轴下垂状中型枝组，枝组之间培养小型结果枝，全树下宽上窄呈塔形。

什么叫小冠开心形？

苹果开心树形起源于日本，该树形在日本被称为"高品质的苹果树形"。小冠开心形苹果园的株行距一般为5m×6m，树高控制在2.5～3m。主干高度1.0～1.5m，树干总高度2.0～2.5m，中干上着生4个不重叠的主枝，呈错落十字排列，主枝方位角为90°左右，垂直角为60°～80°，如主枝在干上着生位置低，垂直角度应小些，反之则大些。主枝上一般不留大侧枝，配备大、中、小搭配合理，高、中、低错落有序的松散细长型结果枝组。树冠单层，呈伞形或蝴蝶形的半圆或扁圆体，冠厚1.5～2.0m。

开心树形有什么优点？

（1）干高、园内通风透光好，主干一般在1.5m以上，消除了下部的无效光区，增加了果园的通风透光能力。

（2）无主干头,增加了内膛光照。

（3）永久性大主枝少，树冠一层，形成枝枝见光、果果向阳叶、叶叶有效，果实品质高。

（4）果树修剪以甩放为主，修剪方法简单，容易成花，通过培养主枝两侧下垂结果枝组结果，形成立体结果树形，果树的产量高。

（5）亩枝量少，冬剪后亩枝量5万条左右，因此树体的光照充足，传统树形冬剪后亩枝量12万～15万条，枝量大、光照差。

（6）结果年限长，开心树形20年初步成形，30年才完全成形，30～60年是稳定结果期，开心树形是一种优质丰产的树形，但腐烂病对开心形寿命影响最大。

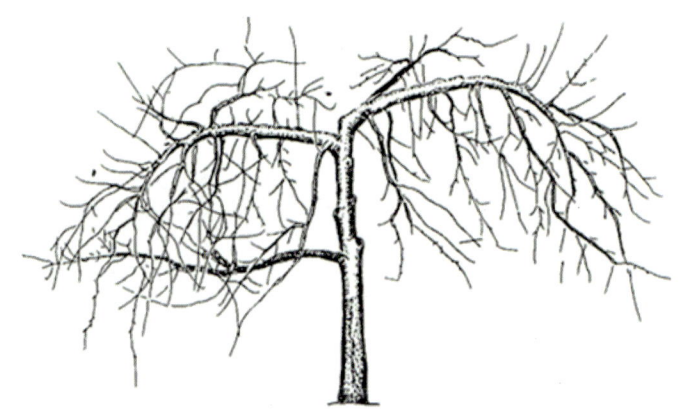

（图片引用张立功老师）

开心形与传统主干疏层形比较有啥显著特征?

(1)在树形上变过去的多主枝半圆形为少主枝扁平形,这样树冠各部位均能被充足的阳光照射,有利于生产出高品质的果品,同时也有利于病虫害的防治。

(2)变低干高冠为高干低冠,加大了主枝角度,枝条生长缓和,有利于成花结果。

(3)增加了(亚主枝)结构级次,也就增加了养分运输的距离,也就缓和了生长,促进了成花结果。

(4)变紧凑球形结果枝组为松散下垂的长轴式结果枝组,适应了红富士苹果的结果习性,有利于高产稳产,同时减轻劳动力。

怎么培养小冠开心形树形?

小冠开心形一般适宜4m×6m以上株行距的乔化果树整形,为保证前期产量和效益,一般采取先栽密后间伐的办法进行培养。开心形培养一般可分为幼龄期、初结果期、成龄结果期3个时期。幼龄期指4~5年生的树,这个时期按主干形整形;初结果期指6~10年生的树,这个时期把树头去掉,中心干高度不再增加,维持8个主枝;盛果期(树龄10~20年)首先将主枝由8个减少到4

个，并培养出 4 个主枝；衰老期（20 年生以后）按开心形整形，这个时期主要是不断更新结果枝组，维持稳定的树形。

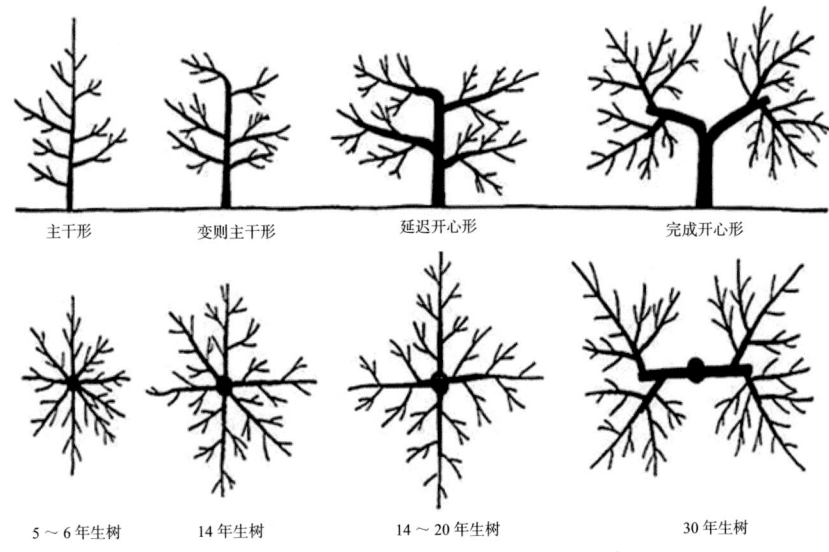

开心形果树整形过程示意图

（1）幼龄期的培养（自由纺锤形）。

①选苗定干：选择粗壮健康的苗木栽植，根系较为完整，高度 1m 以上，基部直径至少 1cm，在干高 70～80cm 处选择饱满芽定干，对于细弱的苗木定干高度要适当降低。

② 2 年生小树的整形：中心干留 40～60cm，在饱满芽处进行短截，刺激新枝发生；将角度小、长势强的枝条疏掉，这类枝条极性过强，任其生长会扰乱树体结构，也不宜成花结果；对下部的中庸枝条剪 3～5cm，留外芽以利于开张角度，与中心干夹角小于 45°的枝条要进行拉枝，这些枝条都是临时收获枝，通过轻剪缓放和拉枝促其早期结果，修剪完成后枝头呈圆弧状。

③ 3 年生小树的整形：中心干留 40～60cm 在饱满芽处进行短截；将角度小、极性强的枝条疏掉，长势中庸的枝条留外芽轻剪，小角度的枝条要拉枝；对其下部 2 年生枝如与主枝延长头竞争的枝条和背上大的徒长枝也要疏掉，其他枝条一律甩放，修剪完成后枝头呈圆弧状。当树龄小时生长季尽可能不要修剪，以尽快扩大树冠。

④ 4～5 年生树的整形：这个时期仍然按照主干形整形，中心干继续向上延

长，主干前端1年生枝条的修剪同上，树高超过3m时，选留10～15个主枝在中心干上交错排列。主枝和侧枝的培养过程中要避免出现轮生枝，修剪完成后主枝和侧枝从基部看是一个下大上小的等边三角形。枝条修剪仍以甩放为主，下部的主枝延长头也尽量不再短截，疏掉徒长枝和与主枝延长头竞争的枝条（也可夏剪时进行）。

（2）初结果期的培养。

这个时期（6～10年生树）主要是落头开心和主枝培养，通过提干、落头将10～15个主枝逐年疏除，保留7～8个主枝，其中落头高度为3m左右，提干高度1～1.2m。落头形成以后中心干就不再延长，这时要留一个小头，以后每年对这个小树头去强留弱，抑制其长大。保留小头可以保护地下主根的生长，保护下部主枝不受腐烂病的侵害，也可以防止日灼，同时小树头也能挂果。

（3）盛果期整形。

这个时期（10～20年生树）主要将主枝数目由7～8个减少到4个左右，并培养出主枝上的亚主枝，其中提干到1.5m左右。为维持主枝的生长势，在修剪时可对主枝延长头轻短截，留果时延长头部位不留果，当主枝（或亚主枝）角度过大时要用支柱撑上。其他临时性主枝一律甩放，以结果为主，随着树龄的增大，临时性主枝要逐步缩小。对于下部的临时性主枝由于内膛光照恶化要逐步疏除基部的枝条，使结果部位外移；对于中上部的主枝可以向外赶，也可以将枝头部位去掉，留基部结果枝组结果，总之以不影响主枝的生长和光照为原则。在主枝2m左右的位置选留2个侧枝来培养亚主枝，这2个侧枝左右对称，生长势强，斜向上生长，间隔30～50cm，随着亚主枝的长大，影响亚主枝生长和光照的枝条都要去掉。

（4）衰老期（20年生后树形）的管理。

20年后主要是亚主枝的的扩大和结果枝组的完善，树形完全形成后主要是不断地更新结果枝组，维持树势。随着树冠的扩大，当亚主枝相互影响时也要根据实际情况进行缩减，维持整个果园的通风透光条件。

（5）结果枝组的更新。

要延长果树的经济寿命，保证优质、高效，必须对结果枝组及时更新复壮、永保活力。

①密切注意果台副梢的长势和成花情况，对过弱的要及时回缩。回缩过晚，一是易产小果；二是由于营养过于分散，后部易枯死、光腿，不易发壮枝，难复壮。

②回缩更新，一定要适时、适度，既要复壮，还要防止二次返旺。

③利用主枝斜背上发的强壮枝，诱导成花，培养结果枝组，将生长优势转化为结果优势。

④树龄、枝龄越大，越要注意，去弱留壮，甚至留强，去向下留平，留斜背上。对顶芽充实、侧芽瘦弱的弱枝，不可短截，即使是花芽，也应通过疏花疏果留空台，利用果台副梢复壮，但必须要疏去过弱的、过多的枝芽，减少生长点，以集中营养复壮。

⑤大、中形结果枝组更新，应在枝组内进行；必须疏除时，要培养好预备枝，防止疏除后造成结果部位不足。

新栽幼树整形时应注意什么？

（1）严格按照细长纺锤树形整形。

（2）幼苗健壮，高度在 1.2m 以上，且顶芽饱满者可以定干在 1m 以上，反之如果幼苗细弱，顶芽发育不良需在饱满芽处短截定干。

（3）中央领导干应顺直生长，不可弯曲，以保证中央领导干较强的生长势。培养强壮的中干是这一树形成败的关键。

（4）促进中央领导干的加粗生长，因而当中央领导干胸径未达到 4～5cm 前，每年剪时疏除中干上的所有超过主干 1/3 的分枝（注意要留桩斜剪，促发短枝）。

（5）留小主枝（胸径达到 4～5cm 时），干高一定要达到 90～100cm。

高纺锤形树形如何整形修剪？

高纺锤形果树整形过程中有两大技术关键，其一是要保持中干的绝对优势，中干绝对不能弱；其二，是主枝和中干的粗度一定要拉开，主枝绝对不能粗，一般要求主枝粗度不超过中干的 1/7～1/4。对于肥水较好的地区，可采取苗木定植后连续2年台剪粗壮主枝,让其重新发枝,以拉开主枝和中干的枝龄和粗度。对于肥水条件较差的区域,苗木定植后可将第1年发的主枝从基部拉枝下垂,角度一定要大,甚至可以垂直向下,贴近中干,以控制其生长,同时促进成花结果。

随着树龄增长,保持树体上下基本一致,营养生长和结果平衡,就可以保证良好光照分布,获得优质果实。保持树体充分受光的最好方法是及时疏除树体上部过长的大枝,而不是回缩,保持树中央领导干的方法是每年彻底去除顶部1~2条竞争枝。为了保证枝条更新,去除大侧枝时应留马蹄形剪口,剪口下会发出平生的弱枝,不要短截,结果后会自然下垂。这种修剪方法连年进行,树上部就全部由小结果枝组成,小枝不会遮光,比下部枝条短,形成良好的树冠。

什么叫"大改形"?

通过对现有的果树进行密度、树形的改造,以培养合理树体结构,改善通风透光条件,促进苹果生产向优质丰产健康方向发展,可采取间伐、提干、疏枝、落头、控冠等手段来调整群体与个体关系,解决生长与结果矛盾,遵循树体生长规律,最终达到平衡生长而采取的一项优果技术。

改形后的树相指标是多少？

（1）每 667m² 留果量 8000～10000 个，每 667m² 产量 2000～2500kg。

（2）每 667m² 留枝量 6 万～8 万条，长、中、短枝比例为 1:3:6，其中顶花芽占 30% 以上。

（3）枝果比 4～5:1、叶果比 50～60:1。

（4）树冠透光率达到 30%，土地覆盖率达到 60%～70%，叶面积系数 2.5～3.0。

（5）行间留 1m 以上作业带，株间基本不交接，树高不超过行距的 70%，冠幅小于行距的 90%。

（6）新梢停长率（封顶枝比率），6 月中旬 90% 左右，7 月初 95%～100%。

高纺锤形树形怎样调控产量？

高纺锤形树形进入结果期后的前 4 年，保持生长和结果的平衡对于高纺锤形果园避免隔年结果非常重要。选用早果矮化木，如栽后 2～3 年结果过多，第 4 年开始出现隔年结果现象，这样导致第 4 年营养生长过旺。品种之间隔年结果习性不同，需综合考虑初结果树的负载量。

改形后修剪的方法有哪些？

改形后修剪以疏枝、甩放为主，回缩为辅，一般不短截和重度回缩，主枝和枝组延长头采用单轴延伸。即疏除过密、过强、过弱枝，缓放中庸枝，适度回缩过长、过弱、纤细枝组，每个主枝或枝组头理出一个健壮枝留作延长头，单轴延伸。

如何间伐？

对于每 667m² 栽植 56 株以上的乔化园，每 667m² 栽植 83 株以上的矮化园，宜采取株行距互变、"梅花状"、隔 1 或隔 2 挖 1 的方式进行间伐，一次到位，也可采取确定永久临时株，采用"胖瘦法""高矮法"即疏除临时株上影响永久枝的大枝，使其变"瘦"变"矮"，并保留结果枝，让其结果，在 2~3 年内彻底挖除，而永久枝则让其变"胖"变"高"尽快占领临时株让出的空间。

怎样提干？

提干也就是抬高主干高度，打开"底光"，按照树形要求，有计划地疏掉距地面较近的主枝，直至主干高度达到目标树形要求。

怎样疏枝？

就是将难以改造利用的主枝直接疏除，然后用新的合适的主枝代替以达到缩小树冠的目的。疏除在生产中主要应用为：提干、落头和疏除中部枝条（开窗子）。提干就是疏除下部过低主枝。落头则是疏除上部无用主枝，降低树冠高度。疏除中部枝条（开窗子）是指疏除一些树冠中上部过多、过密大枝。疏除还包括过大影响树形结构或夹角过小难以改造的主枝。

疏枝应注意哪几个方面？

（1）注意逐年分步进行，一次不要去大枝太多。这样做有两个目的，一是尽量保证果树产量和经济效益不受影响，另一个是尽量减少对果树的刺激，减少对树势的影响和对根冠平衡的影响，防止树势过旺、过弱或大起大落。实际操作中可以制定一个计划，对要去除的主枝，可先通过强行拉枝开角及综合运用调势促花技术，促使它大量成花结果，待枝条势力弱下来后再进行疏除。还可以先造大伤回缩后疏除。

（2）注意锯口方向，不要对中干造伤太重，一般采用斜锯留桩的办法进行，不要直上直下地锯，去枝后立即进行伤口保护。

（3）避免造成对口伤，可采取疏除一个回缩一个的办法进行，下年或下下年再疏除回缩的那个枝。

疏枝方法示意图

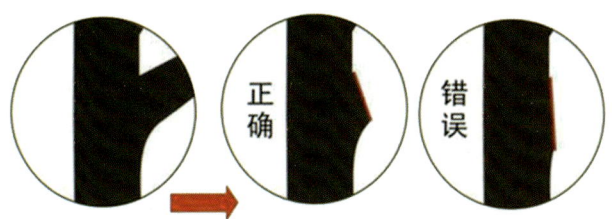

斜锯留桩,锯口削光,愈合剂涂上

避免造成对口伤,可采取疏除一个回缩一个的办法进行,
下年或下下年再疏除回缩的那个枝

(图片引用张立功老师)

(4)疏除中部枝条("开窗子")时注意保持树体均衡,避免偏冠。树冠中上部大枝过多、过密,是目前成龄期苹果树存在的突出问题,应及时进行改造。以疏为主要手段,也就是所谓的"开窗子"。对一般果园,分2～3年进行疏枝,每年疏除2～3个大枝(过密的枝,每年可疏除3～4个),最终保留4～5个主枝。大枝的疏除对象主要是轮生枝、竞争枝、对生枝、重叠枝和主枝上的大侧枝、过大过粗的结果枝组。疏枝时,对乔化树应首先疏除中心干上粗度超过其着生部位1/2的主枝和矮化树上首先疏除粗度超过其着生部位1/3的主枝。疏枝后,使保留的大枝插空分布,树冠中上部枝量控制在相邻主枝间距在30cm以上。并保持树体均衡生长,避免形成偏冠现象。

如何控冠?

控冠也就是缩小冠幅,增强群体光照。一是对树势中庸的枝,可以直截回缩或利用背下枝换头;二是对树势过旺的枝,可先促使多结果,以果压冠,待树势缓和下来再回缩。

怎样落头？

落头即控制树高，打开"顶光"。落头一般分2～3年完成。对树势较弱的树，2年完成，落头后，树高应控制在行距的70%左右。对树势强旺的树，3年完成。一是当树高超过树形要求，对中心干延长头较细弱者，经揉枝软化后，一次拉向偏北方向到要求高度，缓势成花，以果压头。二是当树高超过要求高度，且中心干延长头过粗不易拉者，应在要求高度的西北方向或东北方向选一小主枝，在其上30cm处落头，并疏除上面的分枝，留一保护桩，当选留主枝粗度超过保护桩后，再落到要求高度，注意落头锯面保持15°～20°倾斜角度。

如何科学回缩？

正确的回缩方法是先通过各种措施使需要回缩的枝条势力缓和然后再进行回缩，主要方法有：

（1）通过开张枝条角度达到缓和枝势的目的，然后进行回缩。如果本枝距地面较高（1m左右），下部无枝，每667m^2株数在82株以上，可依据本枝势力，在本枝的基部下方造伤开角，最好把角度开成负角度，势力旺可以再低一点，势力弱可以轻一点。开角后的枝开春后综合运用调势促花技术认真处理。通过1～2年的大量结果，枝条势力特别是前端势力弱下来后，再进行回缩，只有这样才能达到缩得回，不反弹。

（2）强头引势回缩法。当粗大的横向枝前部多年生分枝多而乱，后部枝弱或无枝，可在本枝的前端2～4年生枝处把侧面大枝全部去除（如果枝后部无花芽，前部有大量高质量花芽，可先把花枝整枝下垂结一年果，来年再去除），后部侧面有粗大枝，可转枝下垂，让本枝后部背上冒条，本年生长季节或来年处理利用。通过1～2年的枝势调整，然后再回缩。

（3）分段引势回缩法。对于旺枝或比较强旺的枝条，在发芽前，在基部留2个小枝（无枝可留饱芽）处环割，再在前15～20cm处同时环割，根据本枝长度可搞几道。目的是使中后部萌发枝条减缓前部势力，使回缩处不至于冒大条。

改形中应注意哪些问题？

（1）大改形应根据果园具体情况，坚持一园一策，一树一法，分年逐步实施，2～3年达到改形要求。

（2）疏除大枝造成的伤口，应涂抹保护剂，进行包扎，以利伤口愈合。

（3）改形后应加强果园综合管理，确保取得良好效果。

（4）对保留的主枝的光秃部位进行刻芽，抹除剪锯口萌芽和背上过多的萌芽。

改形后大的伤口如何处理？

"一削光""二涂药""三抹泥""四包扎"。

第一步：先用利刀将锯口削光、削平。

第二步：再给锯口涂消毒剂（树康、喜嘉旺、9281、菌毒清等）。

第三步：然后用黄泥抹伤口。

第四步：最后用薄膜进行包扎，以利伤口愈合。

如何培养结果枝组？

先缓后整法：即对1年生枝连续甩放，并利用拉枝、捋枝等方法使其成花，或用环切、刻芽等方法促其分生侧枝，待成花结果后，进行疏枝整理，而成为中、大型结果枝组。

先截后缓法，即对1年生枝先短截，促生分枝后，第2年再疏其过旺的分枝，其他枝缓放成花结果后进行疏枝整理而成为中、小型结果枝组。

如何刻芽？

刻芽主要用来促生萌芽抽枝，解决光秃缺枝，若为了促发较强的枝，宜在萌芽前20～30d（即3月中旬），在芽子上前方0.3cm处用小钢锯顺齿刻一道，伤及木质部，长度为芽周长的1/2～2/3，为了促发中短枝，可在芽子上前方0.5cm

处横划一道，切断皮层，但不伤木质，长度为芽周长的 1/3 ～ 1/2，另外根据芽子的异质性，刻芽时，枝条基部和中上部芽子宜多刻，刻深些，中部芽子成熟度高，不宜刻，能萌发，刻芽时需注意。

旺枝如何刻芽？

对于旺枝，可在发芽前进行刻芽，如果刻的时间过早，冬季天冷，刻伤口会散失树体内的水分，且芽体失水受冻，严重者干枯死芽，一般在萌芽前 7 ～ 10d 开始。根据枝条强旺的程度决定刻芽的方法。若枝条过于强旺，可采取多刻一些芽（如果必要还可以配合转枝、拉枝等其他措施），就是除过枝条先端瘦弱的芽和基部不需要出枝的部位不刻外，其余的芽全部刻。由于芽的异质性，刻芽时注意分清下面两种情况：枝条直立时，每个芽的情况相当，全部采用芽前刻方法。而当枝条横向生长时，由于背上和背下芽子的差异较大，背上的芽子容易萌发，背下的芽子不易萌发，所以刻芽时采用背下背侧芽芽前刻，背上芽芽后刻或不刻。这样处理以后，由于刻芽使该枝条上大部分芽子萌发，分流了养分，从而控制了枝条的旺长，刻芽后出来的芽子往往能长成叶丛枝而形成顶花芽。另一种情况，如果枝条只是一般的旺长，而不是过于强旺，我们就可以采取间隔几个芽刻一个芽的方法进行。具体操作同上面的情况一样。在具体枝条上，要求对旺条上的饱满芽刻芽，实际上每个枝只有中部芽体饱满，基部和先端都是弱芽，有的枝条后部为春生旺条芽子饱满，这样只能在春生旺条的饱满芽上刻芽，对于不饱满的秋生虚旺条每隔 5 ～ 6 个芽进行分道环割，若为细长虚旺条分道转枝。旺枝上的饱满芽刻芽是均匀分散营养，虚旺条分道环割是分段集中营养，其共同目的都是促发有效壮枝。刻芽后形成优良短枝，刻芽后隐芽萌发。

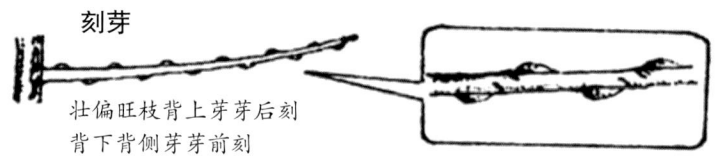

刻芽
壮偏旺枝背上芽芽后刻
背下背侧芽芽前刻

(图片引用张立功老师)

背上枝咋处理？

根据实际情况，在有空间或附近枝组过度衰老时，可将生长健壮的背上枝进行拉枝软化，以充分利用空间及更新枝组。过强过旺枝应疏除，细弱或中庸的背上枝疏除一部分，保留一部分，调控树势，及防止主干日灼。

为什么要进行四季修剪？

四季修剪就是在一年四季采用不同的修剪手法，对树体进行修剪，其作用各不相同，春季修剪主要是在开花前进行复剪，采用疏枝和回缩的手法剪除过多的花枝，以减少树体营养的消耗；夏季修剪主要采用拉枝软化、扭枝等办法促使成花；秋季修剪主要采用疏枝等办法优化通风，增强光照，节省营养，冬季修剪主要是调整骨架，培养树形。四个季节的修剪手法不同，结果不同，应综合应用。

如何进行花前复剪？

花前复剪是在萌芽后开花前进行，一般采用疏枝和回缩等方法。即疏除花量过大的树上的过多、过密、过弱花枝，回缩串花枝或采用破花剪，以减少开花量，节省树体营养，对于开花少的枝主要疏除过弱枝和衰老枝，节省营养。

如何进行夏季修剪？

在5月下旬到6月上旬，花芽分化前，采用拉枝、环切、扭枝、捋枝等方法，缓和树体营养生长，平衡营养生长和生殖生长关系，缓和树势、促使成花。

如何进行环切？

环切是一种暂时切断果树枝干皮层，阻碍有机养分向下运输，增加切口上部营养积累，调节平衡激素而达到控势促花的临时性措施，宜用于旺枝上，主要用于结果枝组，主枝和主干上勿用，一般是在5月中旬，用环切剪（刀）在距枝干基部20cm处横向将皮层转圈切透，并依据枝势分次多道环切，每次1~2道，间隔10~12d。环切时一是切口对齐，皮层切透；二是两切口间距不少于30cm；三是切口要包扎保护；四是切后要多喷2~3次叶面肥。

虚旺枝如何分道环割？

对于芽不饱满的虚旺枝，通过刻芽很难萌发出枝条，可以通过分道环割的办法进行，使该枝条分段积累营养以形成花芽。环割时，应每隔5~6个芽（大约

15cm）环割 1 道，位置在背上芽芽后，侧下芽芽前。环割可以把 5～6 个芽段的营养集中供应环割口后部 1～2 个芽，使之由弱变强。分道环割后，一般情况会在第一次停长前长出两三个短枝。此时若枝条势力强弱不匀，可在强弱交接处再环割。

如何捋枝？

捋枝主要是用来缓和 1～3 年生枝的长势，改善光照，积累养分，促使成花。2～3 年生枝宜在 6 月中旬进行，1 年生旺枝宜在 8 月上旬进行。方法是用一手紧握枝条基部，并向有较大空间一方弯曲至发出清脆的折裂声，然后手后移，再捋 2～3 次，直到枝条呈斜下生。再对秋梢保留 2～3 片叶，其余部分剪去戴"活帽"。可有效改变内源激素，增加有机营养积累，促使成花。

如何摘心？

摘心主要是用来减少无效消耗，控制新梢生长，促使分枝，促进成花结果。在 5 月下旬，对小主枝上生长旺盛的侧生新梢于 15cm 处摘心，促其抽生副梢，7 月中旬对部分强旺副梢进行 2 次摘心。当果台副梢长至 25cm 时，保留 8～10 个叶进行摘心，可提高坐果率，促进幼果生长发育，对于生长旺盛的延长头长至 50cm 时，可摘去先端，缓和枝势，9 月下旬，对继续生长的新梢，摘去顶端嫩梢，促使营养回流，充实枝条和芽体。

细小虚旺枝怎样抑顶促萌？

抑顶促萌就是在萌芽前对一些生长不充实的细小虚旺枝掰掉顶芽，抑制顶芽继续延伸生长，促使第 2、第 3、第 4 芽形成花芽的一项技术措施，抑顶促萌控制了顶端生长，增加了本枝积累，有利于培养壮枝及形成花芽。时间在发芽前，工作对象是不充实、积累差的枝条。一些枝条抑顶促萌的同时配合转枝、拉枝等措施效果更好。具体操作方法是枝条 5～15cm 长的枝掰掉顶芽。15cm 以上的枝掰掉顶芽后，隔 5～6 芽再转一下枝，较粗的枝条可进行分道环割。寒冷地区怕冻伤，枝条可在刚发芽前进行。此项工作是解决虚旺树不易成花的最有效手段，而且效果非常理想，一次工作可长期受益。

（图片引用张立功老师）

怎样扭梢？

扭梢主要是用来抑制侧生旺长新梢，利于积累有机营养，促进成花和枝条充实。5月中下旬，当新梢长到15～20cm时进行，6月中旬对2～3年生长势较强的枝基部扭伤。即一手握住枝条基部，另一手握住枝条中部，扭转180°以上，使枝条呈下垂状。

如何进行秋季修剪？

秋季修剪是在8月下旬到果实成熟前进行，主要疏除过旺、过强的直立枝、密生枝、徒长枝，适度缩剪强旺的副梢，改善通风透光，促进果实着色，同时还可以对未停长的新梢进行摘心，促进芽体及枝条充实，另外还可以进行拉枝、捋枝，缓和树势。

拉枝有哪些好处？

枝条的着生位置直接影响其生长势。枝位直立者，由于营养疏导垂直流及内源激素作用，其生长势最强，方位斜生、平生下垂枝，其生长势依次递减；拉枝可以改变枝条的方向、方位，从而调节生长势，拉枝主要有以下几个好处：一是有利于扩大树冠，提早成形，改善光照条件，促进有机营养积累。二是有利于有效改善蒸腾流，使其单向运输速度减慢（无机盐、水），大大缓和直立枝顶端优势；可显著地提高枝条中下部芽的萌发和中短枝的形成。三是拉枝后使其生长素、赤霉素含量减少，含氮量降低，利于缓和枝势，促进成花。

拉枝角度与成花结果的关系：拉枝角度适中，不但有利于成花，而且结果多，果实大。

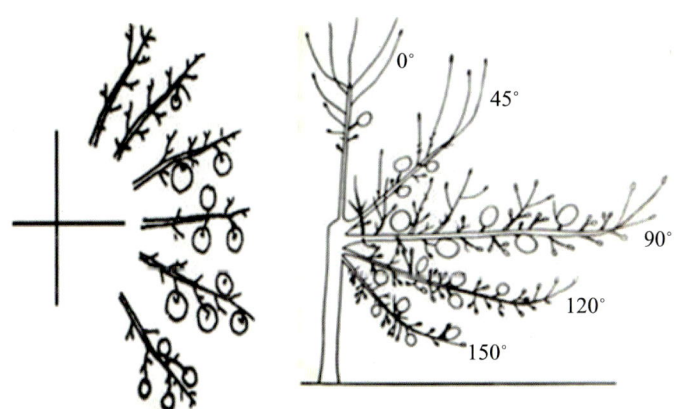

拉枝角度与成花结果的关系　拉枝角度大小与成花结果的关系

（图片引用张立功老师）

啥时拉枝？

生长季节均可拉枝，一般3～4年生乔化幼树和1～2年生枝宜在8月中下旬进行拉枝，5年生以上的幼果树和多年生枝宜在5月中下旬进行拉枝，且越早越好。矮化幼树一定要在当年生枝长到20cm时，开始用牙签撑开基角，长到40cm时用绳子拉到110°，并对未停长的枝条进行摘心，促发短枝。

怎样进行拉枝？

1～2年生枝可选用开角器，多年生枝可采取"一推二揉三压四定位"，"一推"，一手握枝条基部，一手握枝条中部向上反复推动；"二揉"，将枝条左右摇摆揉软；"三压"，在揉的同时，将枝条逐渐下压至所要求角度；"四定位"，用拉枝绳或铁丝将枝条固定好，使其保持顺直，不呈"弓"形为宜。

拉枝到多大角度合适？

拉枝角度应根据苹果品种、密度、树形、长势的不同而合理确定。

（1）按品种确定，对长势强、难成花的富士等品种，主枝角度应拉到95°～100°，易成花、长势弱的品种，主枝角度拉到90°为宜。

（2）按密度确定，栽植密度大，拉枝角度也应大，栽植密度大的果园，主枝拉到90°～110°，栽植密度小的果园，一般主枝拉到90°。

（3）按树形确定角度，自由、细长纺锤形主枝应拉到95°～100°，小冠开心形主枝保持水平状态，无论采取哪种树形，侧生结果枝组都要拉到自然下垂状态。

（4）按枝的长势确定，长势强旺的枝，角度要拉到100°以下，长势弱的，角度可小些，以均衡枝势。

拉枝过程中应注意哪些事项？

（1）拉枝应从幼树开始，先开基角，后再开腰角、梢角。
（2）枝条应拉到平顺直展，不能呈弓形。
（3）在拉开与中心干夹角的同时，注意调整方位角。
（4）拉枝应结合疏枝、摘心、拿枝等技术配合使用，效果更佳。

为什么要进行疏花疏果？

疏花疏果是调整树体负载量和果实布局的一项花果管理措施，对于防止和克服大小年、提高果实品质，防止因结果过多造成树势衰弱而加重病虫害的发生、延长结果寿命等都有显著作用。

如何进行疏花疏果？

从节约养分的角度上来讲"疏果不如疏花，疏花不如疏蕾，疏蕾不如疏芽"。疏芽即在冬剪时剪去过多的花芽。应做到冬剪要精细，蕾期要复剪，疏果要及时，一般疏花从显蕾开始，每隔20～25cm留1个花序，疏果从谢花2周至5月底完成，每个果台留1个果实，其余全部疏除。一般保留中心果，保留下的果实要求发育完好，果形端正。每667m²留果量秦冠、富士为10000～12000个，嘎拉为12000～14000个。

疏果的具体要求是什么？

（1）要注意选留健壮果枝上的果。
（2）注意选留无病虫为害、果形端正的果。
（3）应多选留中果枝和较短的长果枝以及果顶向下生长的果。
（4）当树体上坐果不均衡时，为保证产量，可对部分健壮且坐果多的分枝适当多留果。
（5）树冠外围及上部适当少留果。
（6）应坚持常年疏果，即在果实的生长后期中，如发现畸形果、病虫为害果等应随时疏除。

绿盲蝽为害的幼果

（图片引用张立功老师）

如何保花保果？

（1）增加树体营养，增强树体抗体。

（2）霜冻严重的地方，花前喷天达2116、芸苔素481、防冻液等，花后再喷1次，能明显减轻霜冻，且对受冻花果有明显的修复作用。

（3）树体涂白或果园花前灌水，延迟花期，预防霜冻。

（4）花期喷0.3%的硼砂加0.1%的尿素加0.3%的蔗糖加氨基酸原粉500倍，增加营养，提高授粉率。

如何做好人工授粉？

（1）采集花粉的要求：一是采集与主栽品种亲和力强的品种花粉；二是混合花粉；三是采集含苞待放的铃铛花的花粉；四是花粉晾干后要保管；五是花粉高效授粉期授粉。据试验，常温保存的苹果混合花粉，授粉有效期为10～12d，高效授粉期为5～7d。

（2）人工授粉方法：一是人工点授，即用带橡皮头的铅笔或毛笔等授粉器，蘸上花粉轻轻向初开放的花朵柱头一点即可；二是花粉袋撒粉，就是将花粉混合50倍的滑石粉填充剂，装入两层的纱布袋中，绑在竹竿上头，在树冠上方轻轻摇动花粉袋，使花粉均匀撒落在花朵柱头上；三是液体授粉，即1kg水加入2g花粉（将花粉研细过筛，除去杂质），100g糖，4g硼砂配制成花粉水悬液，细雾均匀喷洒于花朵柱头上。此法应随配随用，低温阴雨天不宜使用。以上3种，以人工点授效果最好。

（3）人工授粉的时间和次数：据试验，以花朵开放的当天授粉坐果率最高。由于苹果花朵常分批开放，特别是在花期气温较低时，花期往往拖延很长，因此应分期授粉，开一批授一批，一般连授2～3次效果理想。

（4）花期喷肥：花期喷洒1～2次0.3%的尿素液或硼砂液，对提高坐果有明显促进作用。为提高红富士苹果果形指数，可

喷布果形剂。苹果果形剂使用浓度为500倍，第一次在中心花全部开放时，第二次在第一次喷后15～20d。喷布要均匀，使花托、花萼均匀着药，以防果形偏斜。喷布时应选择晴朗天气，一天中应在上午10时前，下午4时后，以凉爽湿润条件下喷布为好。

如何预防果树花期冻害？

（1）涂白：春季对主干、主枝涂白，既能防治病虫害，又可以减少太阳热能的吸收，可延迟花期3～6d，具体涂白剂的配方为：石硫合剂原液0.25kg，食盐0.25kg，生石灰1.5kg，动植物油少许，水5kg。配制方法：将生石灰加水熟化，加入油脂拌样后加水制成石灰乳再倒入石硫合剂原液和盐水，充分搅拌即成。

（2）灌水：有条件果园春季灌水2～3次，能降低土温和地面辐射，增加空气温度、延迟物候期，延迟开花。无灌水条件的果园可在早春覆草，覆草后表土温度低，地温升得慢。

（3）果园熏烟：密切关注灾害天气信息，在霜冻来临前，利用锯末、麦糠、碎秸秆或果园杂草落叶等相互堆积作燃料，堆放后上压薄土或使用发烟剂点燃发烟，或在果园建防冻窖，每667m^2建5～8个，或使用防霜烟雾剂（3份硝酸铵、5份锯末、1份废柴油、1份细煤粉）。根据天气预报，烟堆置于果园上风口处。一般每667m^2堆放4～6堆（烟堆的大小和多少随霜冻强度和维持时间而定），夜间密切注意温度变化，当园内气温花蕾期降至零下-2.5℃，花期降至-1℃，幼果期降至-0.5℃时点燃熏烟。

（4）喷涂生长调节剂：在萌芽前全园喷天达2116或芸苔素481或其他防冻药剂，增强抗寒性，提高坐果率。

（5）吹风对流：易发生霜冻的区域，在果园上空安装使用大功率鼓风机搅动空气，增强空气流通，可吹散凝集的冷空气，有预防霜冻的效果。

（6）及时追肥：对于树势较弱的成龄果园，一是要在开花前及时土壤每667m^2追施三元复合肥120kg+有机肥200kg+矿质肥50kg，迅速提升树体营养。二是主干涂抹氨基酸营养液，及时补充营养，提高树势。

霜冻发生前后怎样补救？

（1）在冻害发生当晚12点之前，制作烟堆，每667m²果园设烟堆5～7个，根据天气预报的降温时间，最低温度0℃以上适当熏烟，最低温度-5～0℃时大量熏烟，可以有效避免寒潮低温的危害。

（2）在霜冻发生前2～3h，果园使用小型加热器，提高空气温度，或根据地势放置新型智能烟雾发生机，达到抗霜冻效果。

（3）霜冻发生前傍晚或霜冻发生后早晨果园及时喷0.3%～0.5%的盐水或糖水+磷酸二氢钾溶液，能够减轻霜冻危害。

（4）霜冻发生后为尽快恢复树势，应加强肥水管理，补充树体营养，果园应追施果树专用肥，叶面喷施天达2116、芸苔素481、防冻液增加果树营养，每7～10d喷1次，连喷2～3次，对受冻花果有明显修复作用。

淳化县苹果园每667m²留果量应控制在多少为宜？

淳化县属渭北黄土高原，苹果生长受自然条件影响很大，根据土壤施肥状况和管理情况，苹果园中早熟品种每667m²留果量应控制在12000～14000个，产量1500～2000kg；晚熟品种每667m²留果量应控制在10000～12000个，产量2000～2500kg。

为什么进行果实套袋？

果实套袋既能促使果面光洁，促进着色，显著提高外观质量，又能减少和避免农药、灰尘给果实带来的污染，有效降低果实中的农药残留量，生产出符合食品卫生要求的绿色果品。因此，广泛应用果实套袋仍是目前绿色果品生产最直接、最有效的技术。但苹果套袋是一项配套技术，必须在全面加强果园综合管理的基础上，效果才能体现出来。

怎样才能提高套袋的效果？

"六选"是基础。一要选增值高的优良品种。二要选园貌整齐、管理水平高的果园。三要选树形合理，生长健壮，结构较好的树。四要选果形端正，果肩平宽，果顶较平，萼片紧闭，果梗适中，容易下垂的侧生和中长果枝上的果实。五要选水肥条件较好，病虫害防治及时的果园。六要选用符合陕西省地方标准《苹果育果纸袋》的高质量育果袋，严禁使用塑膜袋和劣质纸袋。

如何检验育果袋的质量？

（1）检查质量：一看做工是否精细，二看规格是否标准，三看粘合是否规范，四看通气孔是否合适，五看外袋遮光层是否均匀，六看内袋是否涂蜡，蜡质是否均匀。

（2）水浸试验：把育果袋浸入水中，很快拿出，沾水多者质量差，浸湿状多者质量差。并用手扯，易烂者外袋纸韧性差。

（3）撑袋燃烧：把袋子撑开（像套在果实上一样），点燃后观察，在燃烧过程中火星多者质量差，燃烧完后形状未变者质量好；纸灰发白者为草浆纸，质量差；纸灰发黑者为木浆纸，质量优。

陕西省《苹果育果纸袋》的规定是什么？

陕西省地方标准 DB 61/292—2005《苹果育果纸袋》对此的规定是："外袋口一侧的中部应有一半圆形缺口，缺口下中央应有一道纵切口。切口长度 25mm±3mm；外袋底部应有 1～3 个纵切口，两角设有透气孔，纵切口和透气孔长度均为 8～12mm；扎丝使用 Φ0.5mm 的铁丝，长度为 40mm±2mm，夹粘于外袋右上角。"

什么时间套袋合适？

一般从落花后 45～50d 开始，10～15d 套完，宜在 5 月底开始到 6 月底结束，若套袋过早，不利幼果发育。套袋偏晚，果面粗糙，易出现果锈，同时过晚果实在袋内时间不够（最少 90～105d），褪绿效果也差；一天中套袋时间宜在上午 7～11 时，下午 3～8 时；果面有露水时不宜套，中午气温过高不宜套（特别注意瑞雪套袋最佳时间在阳历 7 月上中旬）。

套袋的正确方法是什么？

（1）撑袋：左手握住袋底左角，纸袋缺口面对胸前，右手撑开伸入纸袋，大拇指和小拇指撑向袋子底角。其他指头呈半握拳状，用左手拍向袋底，使袋子完全撑开。

（2）套果：两手握住袋口，使袋口朝下，缺口向外，用双手的拇指和食指捏住半圆形缺口两侧，套进果实，让果柄夹于纵缺口底部，两手相向推移纸舌，使之夹住果柄。

（3）压口：以左手食指压住纸缺口，两手拇指压住袋口，使袋口前面紧贴。

（4）紧口：左右手向中间推折袋口，右手拇指和食指将封口扎丝从背后推向袋口左下方。

（5）封口：以右手拇指和食指将扎丝捏成"V"形，封严袋口。

套袋口诀是："下紧、中空、上通风"。

（图片引用张立功老师）

套袋后应注意哪些问题？

（1）套袋后要及时检查果袋口有没有张开现象，若有，应及时捏紧。

（2）检查西南方向的向阳果是否有日烧现象，若有，应及时将通风口剪大一些，降低袋内温度。

（3）套袋果园尽量要实施全园套袋，避免下套上不套，而造成管理上的不统一。

（4）加强土肥水管理，科学预防病虫害。

（5）7～8月应注意果园排湿，增加通风透光，预防套袋黑点病的发生。

富士苹果什么时间摘袋合适？

果实在袋内要求生长100～120d左右，双层内红育果袋，最好分2次除袋。高海拔地区果实着色快，可在果实正常采摘前10～15d除袋；低海拔地区果实着色慢，可在果实正常采摘前15～20d除袋。先摘外袋。隔5～7d后（其中含3个晴日）摘除内袋。最好选择阴天或多云天气摘袋，晴天摘袋应在上午9～11时，下午3～7时进行，避免强烈的日光。我县应在9月下旬末至10月初摘袋，除内袋时，上午先除去树冠东部、北部及枝冠内的袋子，下午除袋时，应从树冠南部、西半部撕成伞状罩住果实，

严防高温时段除袋，防止日灼的发生。若摘袋过早，易使果面粗糙，褪绿差，且着色暗红而不艳；除袋过迟，因温差小，不易着色。

摘袋时应注意哪些问题？

（1）摘袋时一定要分 2 次除袋（先外后里）。

（2）摘除外袋时，为防止向阳果日烧，应将内袋转向，遮住直射阳光。

（3）摘除内袋时，一定要避开中午 12 时至下午 3 时，防止日烧。

（4）袋子摘除完后，应及时喷杀菌剂，选用多菌灵 800 倍或甲托 800 倍 + 高生悬浮剂 800 倍 + 氨基酸螯合钙 1000 倍，预防苹果黑红点的发生，减少生理性病害（脱袋后的苹果皮细嫩，极易感染红点病，气孔增大，导致裂口出现，加之缺钙，极易发生缺钙症等病害，并使果面出现小裂纹，降低果品的贮藏性和商品性）。

除袋后及时喷药杀菌补钙

干旱时及时喷水有利于果实着色

（图片引用张立功老师）

采前如何提高果实色泽？

（1）结合疏枝、拉枝等增加光照，促进着色。

（2）摘除果实附近的叶片，并通过转果，促果实全面着色。

（3）套袋果园在内袋摘除完以后，及时行间铺设反光膜，增加光照，促进果实全面着色。

（4）若着色时遇天旱，可在傍晚树冠喷水，增加果园湿度。

铺设反光膜有什么作用？

在树盘下铺设反光膜，能明显地增加树冠下部的光照强度，优化通风透光条件，减少土壤水分蒸发、保墒保温、促进树下部及内膛果实着色，增糖增重。

铺设反光膜前有哪些准备工作？

覆膜前几天要整好地，清除树干周围的根蘖、残茬和土块，清除果袋，清除杂草、垃圾袋，把地整成栽植带，中间稍高、两边稍低的弓背形，这样雨水不致堵留，使膜面保持干净。

什么时间铺设反光膜合适？

铺设反光膜的适宜时间在果品成熟前，除去内袋后 4～5d 进行，铺设过早，影响田间操作，容易人为踩压，破坏膜的完整性；铺设过晚，温度低着色慢，时间短达不到效果。

铺设反光膜的具体操作方法有哪些？

将反光膜顺树行平铺于树冠的地面，范围以树冠整个投影面为主，边缘与树冠外缘齐。在株间密植园，可于树行两侧各铺一条幅反光膜。如为成龄果园，沿树行两边各铺一幅 1m 宽的反光膜；在稀植苹果园，主要在树内盘和树冠投影的外缘铺大块反光膜，膜边缘用装细土的小塑料袋压膜，不宜用土直接压膜，以防将反光膜弄脏，影响反光效果。铺反光膜不能拉得太紧，以免因气温降低反光膜冷缩而造成撕裂，影响反光膜的效果和使用寿命。注意不要将膜刺破。

反光膜铺后怎么管理？

铺膜后注意经常检查，遇到刮风下雨时应及时将被风刮起的膜重新整平、压实，将膜上的泥土、落叶及积水及时清扫干净，保证使用效果。采果前将反光膜收起，把膜在清水中洗净、晾干后卷起来保存，注意爱护和保管，以便来年使用。

(图片引用张立功老师)

反光膜铺后有哪些注意事项？

（1）要充分选择有条件的果园。果园密度太大、枝叶交叉、树冠郁闭的果园，叶幕层厚，光线难以透光，树下光照很弱，反光膜的作用不能充分发挥。山地园的覆盖效果优于平地园，南北行栽植园比东西行栽植园铺膜效果好。由于铺设反光膜的成本较高，在铺设时应注意选择果园，对生产高档无公害、外贸出口的果园比较合适，而对综合管理水平差的果园，收益不大，建议不要铺膜，以免加大投入，影响效益。

（2）铺膜时，应注意与摘叶、转果等其他管理技术紧密结合，以增加全红果、生产出高质量的苹果。

（3）果实采收后注意反光膜回收与再利用。

怎样摘叶转果？

摘叶可分步骤进行。第一次在脱袋的同时，摘除紧靠果实的莲座叶；脱袋结束后再摘除果实附近5～10cm范围内的叶片。摘叶应在上午9时以后进行。选择阴天或晴天的傍晚除袋，避开中午，以防日灼。先将果实周围15～20cm范围内的遮光和贴果的叶片剪除，过5～6d后，再摘除果实周围的挡光叶、小叶、薄叶、黄叶、老叶，然后再摘除秋梢叶和中上枝上影响透光的部分叶片，尽量保留功能叶，以免影响光合效率。摘叶时，先摘除树冠中、下部和内膛，后摘树冠上部外围。总之，摘叶必须保留叶柄，摘叶数量不应超过全树的20%～30%。如果人工价高，此项工作可以少做。

(图片引用张立功老师)

转果是在除袋后5～8d内，果实阳面着色达70%左右时进行为好。转果是把果实旋转90°～180°，使果实阴阳面交换位置，以保证原阴面也着好色。轻轻转动果实，使其背阴面转至阳面，不要用力过猛，以免扭落果实，转果时分2～3次进行为好，对因转果后无法固定的果实，用透明窄胶带固定在附近的树枝上。注意转果应顺一个方向进行，避免拧掉果柄。

苹果采收前应注意哪些问题？

（1）苹果采摘时果实尽量要达到全红，要分期分批采收。

（2）要根据苹果用途来采摘，若要长时间贮藏，可适当早采，而直接上市销售的苹果则要充分成熟后采收。

（3）近几年，我县果农对套袋苹果普遍采摘过早，造成果实着色差，风味淡，产量低，且发生褪色现象，故采摘时应注意适时。

苹果采收操作注意事项是什么？

（1）提倡采用采果袋、采果梯、盛果箱（筐）等采收工具，采果前必须剪短指甲，穿软底鞋。

（2）操作时，用手托住果实，食指顶住果柄末端轻轻上翘，果柄便与果台分离，切忌硬拉硬拽；应本着轻摘、轻放、轻装、轻卸的原则。提倡果实摘下后随即剪果柄、套网套，装入定量的塑料箱搬运。

（3）选采冠上、冠外果实，相隔几日左右再采冠内、冠下果实。

（4）不宜在有雨、有雾或露水未干前进行，应选择在晴好天气采果。

（5）采收要求：一是分级分批采收；二是及时预冷后再入库，确保果实商品性。

什么是高接换优？有什么意义？

高接换头是指大树嫁接，或叫高接换头、改劣换优，将接穗嫁接在砧木树干上端或各级枝条上的一种农艺措施，是苹果品种更新改造的重要途径。它的主要特点是嫁接后能保持接穗品种的优良性状，能充分利用现有果树资源，树冠恢复快。与新建果园相比，结果早，易丰产，早受益。

高接换优前如何准备品种与接穗？

拟嫁接的品种，应慎重选择适宜当地气候条件、市场前景好的新优品种，常见品种如富士优系、嘎拉优系等，新品种如早中熟的秦阳、鲁丽等，中晚熟的蜜脆、秦脆、弘前富士、九月奇迹等，晚熟的瑞阳、瑞雪、瑞香红等。接穗应从正规渠道采购，保证品种纯正和枝条质量，并减少携带病毒病的风险。接穗要在低温、保湿条件下妥善保存，保证不萌芽、不失水。

高接树怎样进行骨架整理及接前准备？

对高接的树，在冬季或发芽前留好保护桩，去掉多余部分，以减少高接时树体营养回流所造成的养分浪费，有利于高接树健壮生长。同时，要准备好高接所需的剪锯、嫁接刀、专用接膜等辅助物资。

高接换优什么时间嫁接？具体的操作方法是什么？

树体发芽前后即可开始高接，但最佳时期为开花前后。

嫁接前要将接穗基部剪成新剪口，浸在水中吸水24h后再嫁接。对2年生以上的树提倡主干皮下枝接，可采用"一主一辅"或"三供一主"的"靠接方法"，嫁接高度和枝接数量依树龄、主干粗度而定。2～6年生树，嫁接高度距地面60～80cm，嫁接部位要光滑、无病疤、无伤口，采用"双枝靠接"或"多枝靠接"的技术，嫁接枝数2～3个；6年以上生大树，嫁接高度为距地面10～20cm处，采用"多枝靠接"，嫁接枝数为3～6个，接后用土将嫁接口埋住。

高接换优萌芽后怎样管理？

树液流动后，及时抹除原枝干萌芽，以防浪费营养，影响接穗生长。在接穗新梢长度达30～40cm时，解除接口塑膜。为避免风吹折断接穗，松绑后可在原联结部位再行绑扎；风大地区，解绑后还需用支棍固定接穗。

贮藏苹果应注意哪些问题？

（1）贮藏苹果采摘后必须尽快预冷，保证苹果在24h以内尽快入库保鲜。

（2）严格分级、包装。

（3）入库以后，要做到前期降温，中期保温，后期降温、增湿，富士最佳贮存温度为 $-1 \sim 1$℃；秦冠最佳温度为为 $0 \sim 2$℃。

（4）保持库内湿度，相对湿度为85%～90%。

（5）及时检查贮存的苹果，及时清除病果，以防侵染。

病虫害防治

什么叫无公害果品？

通过改进现有农业技术，生产中注重果品品质，环境和资源的保护，在生产过程中，既能生产出优质果品，又能使环境得以保护，这种环保型农业生产出的果品称为无公害果品。

什么是绿色果品？

是经过专门机构认定，许可使用绿色食品标志的无污染、安全和优质的营养果品。我国绿色果品分为 AA 级和 A 级两种。其中 AA 级在产地环境质量符合规定标准的同时，在生产过程中不准使用任何有害化学合成物质。A 级绿色果品，允许限量使用限定的化学合成物质。

什么是有机果品？

在整个生产活动中，不使用农药、化肥及其他人工合成品，只以生物学方法和采用耕作、栽培技术，达到培肥地力和防治病虫害的目的，严格按照有机农业方式生产出的果品称为有机果品。

目前苹果病虫害防治存在哪些主要问题？

（1）只注重治疗，预防措施不到位。

（2）只注重化学药物防治，而忽视了农业、物理、机械、生物综合防治方法。

（3）高毒高残留化学制剂仍在广泛应用，对环境污染、果品污染未能根除，对有益天敌保护不力。

（4）用药时间不及时，药剂种类选用不准确，药物配制浓度不精确，喷药作业不精细。

（5）忽视肥水是基础，病害防治过度依赖药剂防治，不能做到药肥互补。

常见苹果病虫害都有哪些？

（1）为害枝干类的有：腐烂病、干腐病、溃疡病、吉丁虫、桑田牛、蚱蝉、蚧壳虫类等。

（2）为害叶部类的有：褐斑病、圆斑病、灰斑病、斑点落叶病、炭疽叶枯病、黑星病、白粉病、锈病、小叶病、花叶病、叶片黄化病、叶螨类、锈线菊蚜、苹果瘤蚜、卷叶蛾类、毛虫类、潜叶蛾类、梨蟥象等。

（3）为害花果类的有：花腐病、苹果轮纹烂果病、苹果炭疽病、苹果痘斑病、苹果黑点病、灰霉病、蝇粪病、金龟子类、食心虫类、蠼螋等。

苹果病虫害防治的总体要求是什么？

（1）严格检疫。

（2）贯彻"预防为主、综合防治"的植保方针。加强病虫害预测预报，建立重大疫情预警制度。

（3）切实加强农业措施。一是通过科学施肥，适时灌水，合理整形修剪，控制负载量等方法增强树势，改善通风透光及果园生态条件，提高抗病能力。二是通过刮翘皮、绑诱虫带、挂性诱剂、糖酸液、黑光灯诱杀、清园涂白、铲除病虫源，降低病虫基数。三是实施果实套袋。

（4）全力保护和人工饲养天敌，充分利用天敌防治。

（5）科学使用化学药剂，有针对性地选择使用生物源、矿物源农药及低毒、低残留的化学合成药剂，科学及时用药，提高作物质量。

如何做好农业防治？

清除病虫果、枯枝、落叶、杂草，刮除树干老翘皮，在指定地点集中烧毁或无害化处理。结合秋季施肥翻树盘，减少土壤中越冬害虫；采用果园生草、秸秆或者地布覆盖、科学施肥等措施提高树体抗性、减轻病虫害的发生。

如何做好物理防治？

采用杀虫灯、粘虫板、诱虫带、糖醋液等方法诱杀害虫，降低病虫基数。

如何做好生物防治？

人工释放赤眼蜂，助迁和保护瓢虫、草蛉、捕食螨等天敌，控制叶螨、蚜虫等；土壤施用白僵菌防治食心虫；利用性诱剂诱杀金纹细蛾、食心虫等害虫；利用性迷向丝干扰成虫交配。

如何做好化学防治？

加强病虫害的预测预报，做到有针对性地适时用药，合理选择农药种类，保护天敌，未达到防治指标不用药。最后一次施药距苹果采收期的间隔时间应在 20d 以上。注意不同作用机理的农药交替使用和合理混用，以延缓病虫产生抗药性。选用适宜的喷药器械及喷药方法，提高防治效果。

果树如何刮皮？

果树主干、主枝丫杈及老翘皮、裂缝伤口是害虫的越冬栖息场所，常潜藏着多种害虫和病菌，如螨类、食心虫类、介壳虫类、卷叶虫类、梨星毛虫等，刮皮结合除卵同步进行，效果显著。在入冬之后，及时刮除主干上的粗老翘皮，并涂药保护，另外将粗老翘皮带出园子烧毁或深埋。

冬季果园病虫害防治技术有哪些？

寒冷的冬季，绝大多数果园的害虫、病原菌在枯枝落叶、病虫僵果和树体杂草中等处蛰伏越冬，如大青叶蝉在树体的小枝表皮下产卵越冬，苹果黄蚜的卵在当年生枝条的芽腋间越冬，卷叶蛾以幼虫在枝梢顶端卷叶内结茧越冬，金纹细蛾以蛹在落叶中越冬。利用这个特点，我们就可以采取树干束草、果树刮皮、树干涂白、处理剪锯口、清洁果园、冬耕或冬灌、喷药防治等，及时对苹果园的病虫害进行一次综合防治。

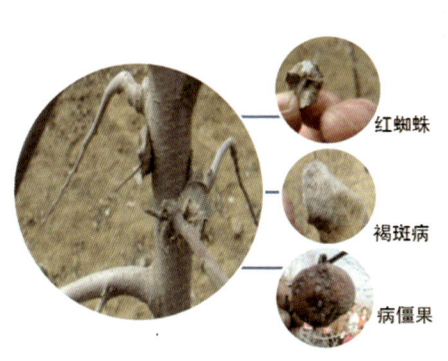

（图片引用张立功老师）

黄刺蛾茧及茧内的越冬幼虫

清园的作用是什么？如何清园？

清园就是把园内病虫枝、叶、果、僵果、落叶、枯枝及刮下的老翘皮、腐烂病斑等收集在一起，并带出果园集中烧毁或深埋，清除残存于其中的病菌、虫卵等，借以减少园内病虫源，降低病虫基数。

（1）全年管理过程中，对于发现的病虫果、叶、枝随时摘（剪）除，并及时带出果园烧毁，及时清园。

（2）当果实采摘后，将园内落果、树上的僵果及时清除。

（3）10月下旬至11月上旬结合主干涂白，刮除主干及枝杈处老翘皮、病疤，并将其收集干净，不得落地，带出园外烧毁。一般用刮刀刮到皮露绿白相间的位置最佳。涂白后在主干上绑诱虫带，诱捕越冬害虫。

（4）冬季修剪结束后，及时清除剪下的枝条，清扫落叶，带出果园并烧毁。

（5）冬剪后喷药防病虫。成龄果园适时喷布40%的氟硅唑4000倍或25%的金力士2000倍＋48%的默斩（或40%的安民乐或40%的好劳力）1000～1200倍＋爱润（即柔水通）4000倍混合液，可有效防治多种病虫。

春季清园药剂什么时候喷效果最好？

春季一般喷2次清园药剂效果最佳。第一次是在惊蛰前后，第二次是在花露红期。

惊蛰前后是第一次用药的关键时期
（图片引用张立功老师）

花露红期是第二次用药的关键时期

怎么搞果园药液二次稀释配制？

喷药前把治疗性杀菌剂，保护性杀菌剂，杀虫剂，杀螨剂，激素，叶面肥按用量要求集中到现场，按以下分类法，按顺序二次稀释溶入定量大水中。

①水剂，水分散剂。②悬浮剂。水乳剂。③粉剂，可湿性粉剂。④颗粒剂，空心颗粒剂。⑤可溶性固体剂。⑥乳油剂，加工乳化剂。⑦微量元素及肥料。所谓二次稀释，指每次将单一一种溶质在一个容器内溶解后，边倒边搅入大水容器中。反对一次性将所有剂种混溶在一个桶内，一次倒入大水容器中。

苹果树主干涂白的作用是什么？

（1）消灭主干上的病菌和越冬虫卵。
（2）保护树干、防止病菌侵染、防止兽害。
（3）减轻主干上日灼和冻害的发生。

如何进行涂白？

11月中下旬，结合清园，先刮除主干上及大枝杈处的老翘皮，刮净腐烂病斑，用毛刷进行涂白，要求涂白高度必须达到基部主枝枝杈处，也可以连同大的主枝一同涂白，并要均匀细致彻底。

温馨提示：生产中可以用四川国光公司生产的"国光松尔膜"按照1∶1的比例和水混合，用细刷均匀涂抹到果树主干上，可以起到杀菌防病杀虫的作用。

怎样配制涂白剂？

原料：生石灰2份、食盐0.5份、水10份、石硫合剂原液或残渣1份，动植物油少许。

方法：用少量热水把食盐、石硫合剂或石硫合剂渣、动植物油溶化，再用水把生石灰溶化并滤去渣，最后二液同时注入第三个容器，边倒边搅拌，使其混匀。

诱虫带的作用是什么？如何使用？

诱虫带的作用主要是为越冬害虫营造一个人为的越冬场所，把其诱集在一块，集中烧毁，减少越冬害虫数量，降低来年虫害发生基数。诱虫带一般用麦草、秸秆或废旧麻袋片、编织袋片做成。近年来也有用瓦棱纸做成的诱虫带。

进入10月下旬以后，树上部的虫害经主干爬向地面越冬，地下部的害虫经主干爬上树钻入老翘皮或伤口夹缝处越冬，此时在树体主干距地面30～50cm处绑上诱虫带，为越冬害虫营造一个阴暗而温暖的越冬场所，诱集它们在此越冬，到11月下旬至12月上旬，结合刮老翘皮、刮腐烂病、清园涂白时取下集中烧毁，能大量消灭越冬害虫。

树干怎样捆绑草把？

利用一些害虫下树进入越冬场所的习性，可于秋末在树干上捆绑一圈稻草、麦草或布片等，诱使那些在树干、枝杈、裂缝、翘皮下越冬的害虫聚集草把或布片内潜藏越冬。入冬时可适时解除集中烧毁，消灭害虫。

苹果腐烂病怎样防治？

（1）增强树势，提高树体抗病性。一是通过改良土壤提高有机质含量，行间种草，培肥地力，促进根系发育；二是加强肥水管理，增施有机肥，科学施肥，纠正偏施氮肥；三是合理修剪，及时处理修剪造成的大伤，做到一削平二涂药三抹泥四包扎；四是严格疏花疏果，合理负载，避免出现大小年；五是加强病虫害综合防治，避免早期落叶。

（2）早期预防，降低发病基数。分别在6月和10月中旬，用"果康宝"10

倍液或氟硅唑50倍液，涂抹树干和大枝基部2次，预防腐烂病菌侵染；并在苹果树花芽露红期，全园喷布3～5°Bé度石硫合剂液，预防腐烂病传播和发生。（要及时刮治，彻底清除病源。坚持常年刮治，及时刮治，随时发现随时刮治，特别要重视秋末冬初的刮治，做到"刮早"；在刮净病部的前提下，尽量多保留健皮，病疤越小越好，做到"刮小"；刮治病部时，务必细致彻底，做到"刮了"。病部刮净后，及时用4%的"农抗120"50倍液或843康复剂或树康或"喜嘉旺"涂抹，间隔10～15d再涂抹1次，防止腐烂病菌再度侵染。

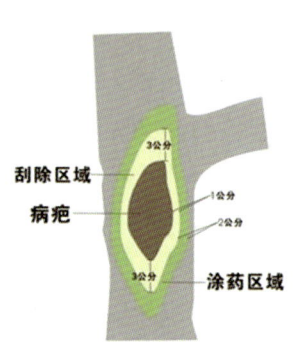

（图片引用张立功老师）

腐烂病病疤刮治示意图

（3）桥接、脚接，恢复树势。对病疤较大的桥接、脚接，以利养分和水分的输送，促进伤口愈合。

（4）及时清除刮下的树皮和病渣以及病枝，带出果园烧毁或深埋，剪下的树枝不能长期堆积在果园内或果园附近，以免病菌再次侵染。

树干流黑水（苹果枝干轮纹病，又名溃疡性干腐病）

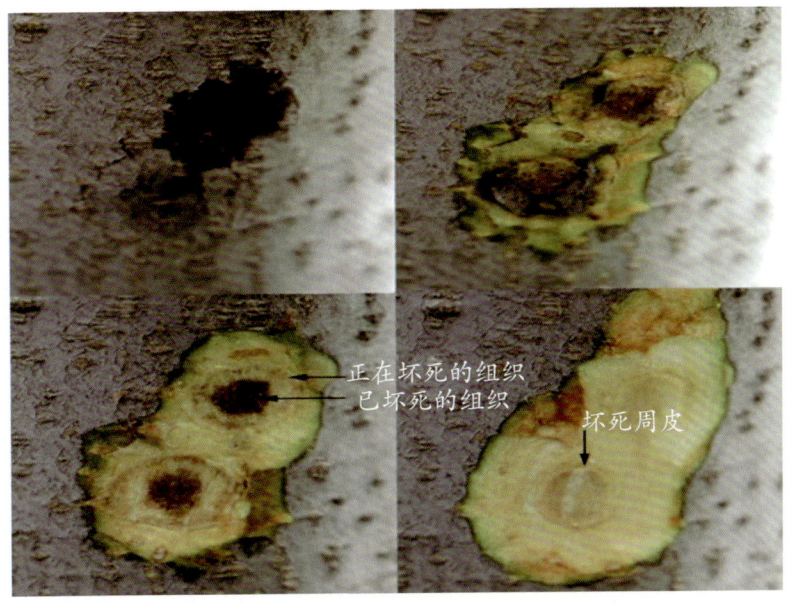

溃疡性干腐病（苹果枝干轮纹病）

苹果霉心病怎样防治？

霉心病又称花腐病、心腐病，富士、红星等品种易发生。

（1）加强果园管理，及时彻底清园。

（2）合理整形修剪，科学施肥，合理负载，保持树势健壮。

（3）注意调控贮藏期库内温度和湿度。

（4）在花期低温多雨年份，初花期和盛花期各喷 1 次 10% 的多抗霉素可湿粉剂 1000 倍液，或 50% 的扑海因可湿性粉剂 1000 倍液，或 10% 的宝丽安 1000 倍液、3% 的克菌康 1000 倍液等生物农药加代森锰锌悬浮剂（30% 的高生、42% 的大生富、43% 的喷富露）600～800 倍液，发病严重的果园在谢花后再喷施 1 次。在喷药时加入 0.2% 的硼砂溶液，防治效果较好。

如何防治白粉病？

（1）及时剪除病枝、病梢，并带出果园烧毁。

（2）科学施肥，控氮，增施磷钾肥，合理整形修剪，改善园内通风透光条件。

（3）花芽露红期喷布3～5°Bé石硫合剂。

（4）在花后7～10d及时喷布15%的粉锈宁可湿性粉剂800～1000倍液或12.5%的戊唑醇2000倍液，过10d再喷1次。

老叶感染白粉病，边缘出现卷曲（图片引用张立功老师）

苹果锈病的发生特点和防治方法？

苹果锈病又叫苹果赤星病，是一种需要有2种寄主植物的转主寄生性真菌病害。其发生的主要特点是越冬病菌孢子在桧柏、塔柏、园柏、刺柏、翠柏、龙柏等柏树上转主寄生越冬，第2年早春病菌孢子随风飘落在苹果树上侵染危害，因而苹果锈病在风景区、陵园、道路有柏树的地方附近的果园发生严重。苹果锈病不仅危害叶片,而且还会危害新梢和果实。

(1)彻底砍伐距果园 5cm 以内的柏树类树木,切断病菌的侵染循环链。

(2)苹果萌芽前,对不便砍伐的柏树类树上喷布 1～2 次 5°Bé 石硫合剂,阻止越冬病菌孢子的萌发。苹果树花芽露红期全园喷布 1 次 5°Bé 石硫合剂,预防病菌侵染。

(3)苹果落花后 7～10d,全园喷布 1 次 15% 的粉锈宁可湿性粉剂 800～1000 倍液或 12.5% 的戊唑醇 2000 倍液,过 10d 再喷 1 次。

锈病感染初期

锈病感染后期

锈病病菌孢子在柏树上越冬

(上述图片引用张立功老师)

苹果早期落叶病如何防治?

苹果早期落叶病包括褐斑病、灰斑病、圆斑病、轮斑病、斑点落叶病、炭疽叶枯病共6种。褐斑病始终表现出"七病八落九泛滥",甚至"二次开花",严重削弱树势的现象。

斑点落叶病前期　　　　　　　斑点落叶病后期

(上述图片引用张立功老师)

褐斑病后期症状

(1)及时清园,扫除落叶集中烧毁,结合秋施基肥深翻园地,将地表病菌埋入地下40cm,减少病原。

(2)加强果园综合管理,合理整形修剪,改善果园通风通光条件,增施有机肥,实施配方施肥,控制氮肥施用量,增强树势。

(3)花芽露红期全园喷布3～5°Bé石硫合剂。

(4)在苹果落花后7～10d幼果期,全园及时喷布4%的"农抗120"600倍液加 10% 的多抗霉素可湿性粉剂 1000 倍液或 50% 的扑海因可湿性粉剂 1500 倍液。以后每间隔 10～15d 喷 1 次，连喷 3 次。6 月下旬至 7 月上旬全园连喷 2 次波尔多液或"绿乳铜"等铜制剂。

温馨提示：果实套袋后，可集中全员喷 1 次杀菌剂＋营养液，随后间隔 7～10d 之间，赶紧均匀细致地全园喷 1 次波尔多液，然后再间隔 20d，照同样的办法再进行 1～2 次，注意杀菌剂交替使用，这样才能有效防治早期落叶病的发生。

苹果轮纹烂果病如何防治？

此病菌与苹果干腐病病菌相似。病菌以菌丝体、分生孢子器在病组织内越冬，是初次侵染和连续侵染的主要菌源。于春季开始活动，随风雨传播到枝条上。在果实生长初期，因为有各种保护机制，病菌无法侵染。在果实膨大期之后，病菌均能侵入，其中从 7 月中旬到 8 月上旬侵染最多。侵染枝条的病菌，一般从 5 月份开始从皮孔侵染，并逐步以皮孔为中心形成新病斑，翌年病斑继续扩大，形成病瘤，多个病瘤连成一片则表现为粗皮。防治办法主要有：

（1）加强果园综合管理，提高树体抗病能力。

（2）及时清园，降低病原基数。

（3）花芽露红期全园喷布 3～5°Bé 石硫合剂。

（4）实行果园全园套袋。

（5）幼果期至 8 月中旬，全园喷布 2～3 次倍量式波尔多液或 10% 的多抗霉素 1000 倍液或 4% 的"农抗 120" 600 倍液。

轮纹烂果病

枝干轮纹病

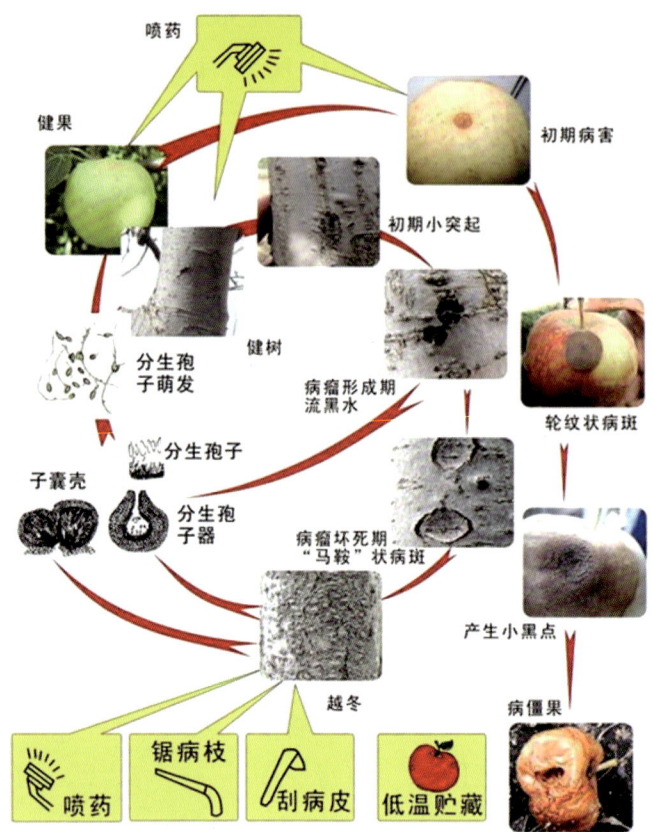

苹果轮纹病侵染示意图（图片引用张立功老师）

苹果炭疽病怎样防治？

（1）彻底清园，减少越冬病原。

（2）花芽露红期全园喷布 3～5°Bé 石硫合剂。

（3）果实套袋。

（4）幼果期至 8 月中旬，全园喷布 10%的多抗霉素 1000 倍液或 4%的"农抗 120" 600 倍液或倍量式波尔多液 2～3 次。

炭疽病后期症状

苹果黑星病如何防治?

(1)彻底清园,减少越冬病原。

(2)苹果花芽露红期喷布 1 次 3～5°Bé 石硫合剂。

(3)5 月上旬到 8 月中旬喷布 40% 的福星 8000 倍液或倍量式波尔多液 3～4 次。

苹果苦痘病、痘斑病如何防治?

苦痘病的发生与果实缺钙及水分供应失调有关,痘斑病是氮、钙比例失调造成。二者在一些感病品种上混发。

防治方法是:

(1)科学施肥,增施有机肥,采用营养诊断法,配方施肥。特别是不能偏重氮肥使用量。

(2)根外追施钙肥,特别是幼果期连喷 2～3 次钙肥,采收前 40d 左右再喷 1 次钙肥(特别注意秦脆、蜜脆等大型果必须全年补足 6 次有机钙以上,才能减轻此种病害的发生)。

(3)加强早期落叶病防治,在 7 月份连喷 2 次波尔多液。

苹果套袋黑点病怎样防治?

苹果落花后,粉红单端孢霉菌、顶端头孢霉菌等在花器残体如花萼萼片及萼筒内、果柄等处腐生。套袋苹果黑点病一般从 7 月初开始陆续发病,7 月中下旬至 8

月中旬为发病高峰期，发病高峰的早晚与气候条件有关，高温、高湿是黑点病发生的重要条件。

套袋苹果黑点病

（1）严格按照套袋的技术规程操作：

①加强果园综合管理，合理修剪，改善通风透光条件；种植绿肥，培肥地力，改善果园小气候。

②套袋子前细致均匀地喷布治疗性杀菌剂＋保护性杀菌剂＋补钙剂。花芽露红期及花序分离期，结合霉心病、白粉病等其他病虫害防治，喷施10%的多抗霉素1000～1500倍液或70%的甲基硫菌灵（不含硫）1000倍液，杀灭果园内的黑点病病菌。落花后至套袋前，每7～10d喷1次，连喷2～3次。有效药剂有10%的多抗霉素1000～1500倍、40%的氟硅唑6000～8000倍、80%的代森锰锌600～800倍、70%的丙森锌600～800倍等。套袋前药剂的选择对于黑点病的防治起着非常重要的作用。有效药剂可以在病发前将黑点病病菌杀死，不合理的用药不但不能有效地防治黑点病反而会加重该病的危害。

③选用优质果袋。科学套袋，套袋时一定把袋透气孔撑开，遇雨后才能及时把雨水排出袋外，使袋内透风、干燥。

④增强树势。苹果采收后及时追施有机肥，8月中下旬及时追施磷钾肥，这2个时期追肥能显著增强树势，提高树体的抗病能力。

⑤在7～9月，如降水较多应及时排水，避免苹果园内长时间积水。

（2）注意气候变化，及时采取补救措施，连续阴雨，雨后又遇连续高温可能诱发黑点病；应及时解袋抽查，若发现有黑点病的症状立即剪大果袋通气孔至0.8～1cm，以利通风降温降湿。

小叶病如何防治？

小叶病是由于果树缺锌引起的一种生理病害，或因碱性土壤瘠薄山地，有机质含量过低，过于干旱，微量元素不平衡，都可能引起小叶病的发生。连续疏枝修剪过重，造成伤疤过多、过大，也会引起其上部枝条常出现小叶症状，这种情况与缺锌没有直接关系。

防治方法：

（1）施有机肥，果园种草，增加有机质含量。

（2）秋施基肥时，每株成龄树在有机肥中掺入0.5～1kg硫酸锌。

（3）萌芽前10～15d喷1次5%的硫酸锌溶液。花后3周用0.2%的硫酸锌加0.4%的尿素全树喷布，以提高防效。

（4）在修剪时不能重回缩，待枝势变强树势变旺后粗度差不多再回缩到旺枝附近。

黄叶病怎样防治？

生理性黄叶病

6月份以前老叶出现黄叶属于病毒引起的病害。6月份以后新梢出现黄叶是土壤中缺乏铁元素而引起的一种生理病害。

防治方法：

（1）施有机肥，种植绿肥，改良土壤，增强树势。

（2）冬季结合深翻改土，每株成龄苹果树沟施硫酸亚铁0.5～1kg，同时掺5～10倍牛粪或马粪灌水覆盖。

（3）萌芽初期喷 0.3%～0.5% 的硫酸亚铁溶液。

（4）病毒引起的黄叶树要减少树结果量，合理负载。

苹果花腐病如何防治？

（1）农业防治措施：

①增施有机肥，增强树势，提高抗病力。

②做好清园工作，清除落叶和落果，翻耕园地，减少越冬和再侵染病原。

③结合冬剪剪除病枝，春季及时摘除病叶、病花和病果，以减少再侵染。

（2）无公害、绿色食品（A级）果园防治技术：

①苹果树发芽前喷 1 次 5° Bé 石硫合剂，展叶初期喷 1 次 0.5° Bé 石硫合剂。

②苹果开花前及落花 70% 时，各喷 1 次 43% 的戊唑醇（好力克）悬浮 3000～5000 倍液。

（3）有机食品、绿色食品（AA级）果园防治技术：

①苹果树发芽前喷 1 次 5° Bé 石硫合剂，展叶初期、开花前各喷 1 次 0.5° Bé 石硫合剂。

②苹果落花 70% 时喷 1 次 10% 的多抗霉素可湿性粉剂 1000～1500 倍液。

如何预防炭疽叶枯病？

炭疽病病菌引起的苹果叶枯病初期症状为黑色坏死病斑，病斑边缘模糊。在高温高湿条件下，病斑扩展迅速，1～2d 内可蔓延至整张叶片，使整张叶片变黑坏死。发病叶片失水后呈焦枯状，随后脱落。当环境条件不适宜时，病斑停止扩展，在叶片上形成大小不等的枯死斑，病斑周围的健康组织随后变黄，病重叶片很快脱落。当病斑较小、较多时，病叶的症状酷似于褐斑病的症状。苹果炭疽菌叶枯病主要危害嘎啦、金冠、乔纳金品种。富士、红星等品种高度抗病，发病嘎啦和相邻未发病的富士苹果树在果园内对比明显。苹果炭疽菌叶枯病主要危害叶片，并导致大量落叶。主要从以下几方面抓好防治：

（1）选择抗病品种：新建园尽量选择不易感病的果树品种，并实行起垄栽培。

（2）阻止病菌传播扩散：彻底清理果园，清扫残枝落叶、刮除枝干病原烧毁。喷施功能性液肥，强壮树势，提高树体抗病能力。

（3）铲除越冬病菌：10 月份大量落叶的果园，喷施 1 次 100～200 倍的硫酸铜液 + 沃叶 800～1200 倍液；次年 4 月份苹果萌芽前，再喷施 1 次 100～200 倍的硫酸铜液 + 沃叶 800～1200 倍液，或其他杀灭性较强的铲除剂，目的是铲除在枝条和休眠芽上越冬的病菌。

（4）生长阶段用药：

①萌芽前半个月：使用溃腐灵 60～100 倍液 + 有机硅进行全园喷施，杀灭病菌，营养树体。

②开花展叶期：使用靓果安的 300 倍液 + 沃丰素 600 倍液 + 有机硅喷雾 2 次，每次间隔 10d。（保花）

③第一次生理落果期：使用靓果安 300～500 倍液 + 沃丰素 600 倍液 + 有机硅喷雾。（保果）

④果实生长期：使用靓果安 300～500 倍液 + 大蒜油 1000 倍液 + 沃丰素 600 倍液 + 有机硅进行定期喷雾，基本每次间隔 10～15d。

⑤秋季采果后：使用溃腐灵 200～300 倍液 + 沃丰素 600 倍液 + 有机硅进行喷雾 1 次。

⑥落叶 2/3 后：使用溃腐灵 60～100 倍液 + 有机硅进行全园喷施，杀灭病菌，营养树体。

（5）果园生草：改良果树生长环境，提高果树抗病能力。

（6）果园排水：果园雨季应注意排水，防止雨水长期在果园积存。

（7）覆盖地膜：防止地面飞溅的雨水带菌，并有利于果园排水。

如何预防苹果疫腐病？

疫腐病主要危害果实、根颈及叶片。果实受害后果面产生不规则形、深浅不匀的暗红色病斑，边缘不清晰似水渍状。叶片受害后产生不规则的灰褐色或暗褐色病斑，水渍状，多从叶边缘或中部发生，潮湿时病斑迅速扩展使全叶腐烂。每次降雨后，都会出现侵染和发病小高峰，因此，雨多、降雨量大的年份发病早且重。尤以距地面1.5m的树冠下层及近地面果实先发病，且病果率高。生产上，地势低洼或积水、四周杂草丛生，树冠下垂枝多、局部潮湿发病重。

（1）疫腐菌在病残体的土壤中越冬，所以清除病残体，及时清理落地果实并摘除树上病果、病叶集中深埋，是一项重要的防病措施。

（2）由于疫腐病病菌是以雨水飞溅为主要传播方式，所以果实越靠近地面越易受侵染而发病，以距地60cm以下的果实发病最多，一般最高不超过1.5m，适当采取提高结果部位和地面铺草等方法，可避免侵染，减轻危害。

（3）改善果园生态环境，排除积水，降低湿度，树冠通风透光可有效地控制病害。

苹果花叶病如何防治？

（1）农业防治措施：

①大力提倡栽植无病毒苗木。建立、健全无病毒苗木繁育体系，保证在不带病毒的母树上采接穗。砧木苗要采用种子繁殖，避免用根蘖繁殖。在苗木生长过程中要经常检查，发现病苗立即拔除、销毁。

②及时更新果园内定植后已发病而尚未结果的幼树，改植健树，以免后患，但要彻底挖净原病株根系。

③采用高接换头更换品种时要慎重，一定严格控制在绝对无花叶病的植株上采接穗。因为落叶后无法辨认病、健株，所以在落叶前要仔细检查，标记无花叶病的健株，专供采穗用。到附近新建无病毒果园去采接穗也是可取的办法。

（2）无公害、绿色、有机食品果园防治技术：

已结果的花叶病树要加强肥水管理，多施有机肥，发芽后喷 2～3 次 4% 的嘧啶核苷（农抗 120）200～300 倍液，以减轻为害程度。

苹果虎皮病如何防治？

（1）农业防治措施：

①鉴于苹果虎皮病与果实未充分成熟而提前采收有关，为减轻发病，适时采收，以减少采后损失。

②加强果库管理，控制库温，防止贮存后期库温升高，注意果库通风。定期检测库内乙烯浓度，超过规定指标要排放乙烯，或用药物吸附，现在比较先进的贮藏库有自动脱乙烯装置。

（2）无公害食品果园防治技术：

①由于药剂防治的弊病，目前世界上许多国家的研究人员认为采用化学方法是防治该病的方向，其中低氧气贮藏更受关注，因为虎皮病的发生与 α-法尼烯的氧化产物有关，降低库内氧含量就可以减缓虎皮病的发生。美国研究报告提出 O_2 含量为 1% 合适，加拿大研究报告认为 O_2 含量为 0.7% 合适，但是不同品种耐低氧的能力不同，而且低氧条件下适配的 CO_2 含量也很重要，所以必须通过试验确定相关的技术指标后方可推广。

②如果要用药剂处理果实，在果实入库贮藏前用 0.25%～0.35% 的乙氧基喹浸洗果实，晾干后入库贮存，在小规模贮藏时可用含二苯胺（每纸含 1.5～2mg）或乙氧基喹（每纸含 2 mg）的药纸包果，或用 0.2%～0.4% 的虎皮灵浸果，晾干后贮藏，或用含虎皮灵 100 mg/kg 的包装纸包果后贮藏。应该指出的是，这些处理必须在果实采后、入库贮藏前进行才能取得预期效果。

如何预防苹果贮藏期病害？

（1）采收前喷布 70% 的甲托 1000 倍液或代森锰锌 400 倍液或"农抗 120" 600 倍液。

（2）果实采收后必须释放田间热，把采收下的果实 24h 以内入库。

（3）果实入库前，对果库进行彻底消毒，用硫黄熏库。

（4）过于干燥的库要放水闷库，增加湿度。

（5）果实入库后前期注意降温，后期注意保温。

（6）常观察库内温湿度变化，注意及时调控温湿度。

圆斑根腐病怎么防治？

一般地上部发病的症状主要表现在生长的新梢和叶片上，严重时枝条和果实也表现症状，根据发病的轻重有4种发病症状：叶缘焦枯型、新梢封顶型、叶片萎蔫型、叶片青干型。

苹果圆斑根腐病主要是由尖孢镰刀菌和少量腐皮镰刀菌侵染所致，只有当果树根系生长衰弱时，病菌侵入根部致使植株发病。防治方法：

圆斑根腐病的病叶（叶缘焦枯型）

（1）加强管理，增强树势，提高植株抗病能力。在果园增施有机肥，培肥地力，改良土壤通透性，增施钾肥，促进根系生长，对圆斑根腐病的发生具有良好的预防作用。配方施肥，N、P、K肥合理配合，避免偏施N肥。合理修剪，控制结果量，加强管理措施，增强树势，减轻发病。果园一旦发现病株，立即在病株周围挖1m以上的深沟，加以封锁，防止病菌向邻健株传播蔓延。

（2）病树的栽培管理措施。对发病植株及时采取补救措施，减轻发病，减少损失。首先剪去已干枯的果枝，减少水分蒸腾。二是减少果树结果量，促进根系生长。三是春、秋扒土晾根，可晾至大根，刮治病部或清除病根，晾根期间避免树穴内灌水或雨淋，晾7～10d，刮除病斑后用药剂灌根，随后选择无病土壤进行覆盖。四是春季发芽前用氨基酸50倍液涂主茎，生长季节用氨基酸（含有铁、钙及微量元素）200倍液加0.2%的磷酸二氢钾、0.2%的尿素进行喷雾，连喷3～4次。

我县苹果主要病毒病有哪些？如何防治？

苹果病毒病有锈果病、衰退病、花叶病、小果病、绿皱果病等，我县发生的病毒有锈果病、花叶病，极少部分有小果病。

防治措施：

（1）培育和栽植无病毒苗木，这是防治苹果病毒病根本的途径。

（2）严格执行植物检疫，限制病毒病的传播扩散。

（3）加强肥水管理，增强树势，提高树体抗病能力。

（4）发现病株，及时挖除，土壤消毒用 0.3～0.5°Bé 石硫合剂。

蚧壳虫如何防治？

我县发生的蚧壳虫以朝鲜球坚蚧、草履蚧为主。

（1）彻底清园，剪除虫梢、减少虫源。

（2）花芽露红期喷 3～5°Bé 石硫合剂，消灭越冬害虫。

（3）3月中旬是球坚蚧的泌蜡期，虫体未形成壳以前选喷毒死蜱 1500～2000 倍液。

（4）6月上中旬在球坚蚧的卵孵化后，若虫大量活动期选用上述药剂防。

草履蚧雌成虫

草履蚧雄成虫

柿长绵蚧

（图片引用张立功老师）

金龟类如何防治？

（1）利用一些种类的趋光性，用黑光灯、普通灯、火堆诱杀。

（2）利用假死性，在清晨、傍晚振落捕杀。

（3）在越冬成虫出土前，地面喷施100倍乐斯本，喷后浅耙，毒杀出土成虫和白天潜伏在土中的成虫。

（4）在幼叶期树上喷布苦楝素1500倍液或乐斯本1500倍液毒杀。

（5）花蕾期至初花期地面喷布过量式波尔多液驱杀。

（6）糖醋液诱杀。

卷叶虫类、星毛虫类如何防治？

（1）剪除虫梢、虫苞，集中烧毁。

（2）花芽露红期喷3～5°Bé石硫合剂，杀死越冬虫卵。

（3）花后及麦收前选喷苦参碱、苦楝素或菊酯类杀虫剂。

梨星毛虫

卷叶蛾被天敌寄生

苹果黄蚜如何防治?

(1)花芽露红期喷 3~5°Bé 石硫合剂液,杀死越冬卵。

(2)注意合理用药,尽量保护天敌(七星瓢虫、草蛉虫等)。4~5月发生期选喷10%的吡虫啉4000~5000倍液。

(3)麦收前尽量少用药,避免杀死天敌(七星瓢虫、草蛉虫等)。

苹果绵蚜如何防治?

(1)加强植物检疫,控制疫区内虫源,杜绝向外传播。

(2)早春蚜群扩散以前用乐斯本、柴油混合液涂刷主干、主枝及伤口。

(3)剪除萌蘖。

(4)开花前后(4~5月)和采果前后(8~10月)选喷:①艾美乐1000倍。②35%的赛丹1500~2000倍。③15%的金好年1000~1500倍。④40%的速扑杀1000~1500倍。⑤蚜灭多1000~1500倍。⑥48%的乐斯本1500~2000倍。混加渗透剂柔水通。

绵蚜

(5)休眠期(11月至来年2月)仔细刮除,抹死藏于枝干粗、老翘皮上的越冬蚜虫,刮抹后涂乐斯本300倍液,消灭越冬若虫。

(6)树盘撒施辛硫磷颗粒剂,或喷乐斯本300倍液,施药翻入土,重点在靠近主干部位。

叶螨类如何防治?

(1)合理用药,保护天敌。

(2)花芽露红期喷布 3~5°Bé 石硫合剂。

（3）4月下旬至5月上旬全园喷布40%的毒死蜱2000倍液，或1.8%的阿维菌素4000倍液，连喷2次。

（4）6～7月叶螨发生严重时可用0.1～0.3°Bé石硫合剂+500倍洗衣粉防治，既杀虫又防病，效果极佳。

金纹细蛾如何防治？

金纹细蛾幼虫　　　　　　　　　　　金纹细蛾天敌

（1）保护天敌。

（2）彻底清园，减少虫源。

（3）抹除树干及砧木上的萌蘖。

（4）5月下旬至6月上旬，7月上中旬各喷1次灭幼脲3号2000倍液或通脲5号2000倍液。

绿盲蝽如何防治？

（1）及时清除园内杂草，彻底清园，减少虫源。

（2）花芽露红期喷3～5°Bé石硫合剂。

（3）5月下旬至6月下旬，7月下旬各喷1次灭幼脲3号2000倍液或通脲5号2000倍液。

绿盲蝽为害后果实生长形成畸形，为害处变枯斑

绿盲蝽为害叶片

绿盲蝽为害幼果

(上述图片引用张立功老师)

怎样进行桃小食心虫地面防治？

（1）结合秋施基肥，深翻园地，可消灭土壤表层越冬害虫。

（2）5月下旬到6月上旬，树盘范围喷施白僵菌粉3000倍液或乐斯本乳油200倍液。

桃小食心虫树上如何防治？

（1）果实套袋。

（2）根据预测预报，当卵果达到1%时，树上喷布25%的灭幼脲3号1500倍液或蛾螨灵2000倍液或功夫水剂4000倍液。喷后间隔7～10d再喷1次。

（3）8月上中旬全园喷1次药，以防第二代发生。

蠼螋如何防治？

蠼螋主要为害果实，在使用未腐熟的有机肥果园多发生，果实接近成熟时，由地面经主干爬上树为害果实。

防治方法：

（1）结合秋施基肥，全园深翻，杀死越冬害虫。

（2）彻底清园，减少虫源。

（3）在未上树前，树盘地面喷布200倍乐斯本液或主干周围撒施甲敌粉毒杀。

（4）开始上树时，在主干上绑扎毒带或主干涂100倍乐斯本液毒杀。

如何防治蛀干害虫？

为害苹果主干的害虫主要有桑天牛和吉丁虫2种，但以桑天牛为主。

天牛的老熟幼虫

发生规律：我县2年或3年完成1代，以幼虫在枝干内隧道中越冬。幼虫经过2个冬季后，第3年6～7月老熟化蛹，7～8月成虫羽化，啃食枝干皮色层、叶片和嫩芽补充营养。成虫羽化后10～15d交尾、产卵，卵多产于3～4年生枝杈附近，产卵时先将枝条表皮咬成"Ⅲ"形伤口，然后将卵产

天牛成虫（图片引用张立功老师）

于中间 1 道伤口内，每处产卵 1～5 粒，卵期平均 12.7d。幼虫孵出后蛀入枝条内，先向上蛀食 10mm 左右，再调转头沿木质部向下蛀食，逐渐深入枝干髓部，幼虫在隧道内，每隔一定距离向外咬 1 个圆形排粪孔，第 1 年 5～7 个，第 2 年 10～14 个，第 3 年 14～17 个，排粪孔自上而下逐渐增大，孔间距离也逐渐加长。果树生长期间，虫体在最下排粪孔的下方，果树休眠期间，由于虫道底部有积水，虫体多在最下排粪孔的上方。虫体上方常塞有木屑。

防治方法：

（1）及时清园。冬季结合果园其他病虫害进行防治，对枝干涂白，剪除病虫枝，清除残枝落叶，搞好果园卫生。

（2）人工防治。幼虫期用尖细铁丝从新鲜虫孔插入，反复在洞道内扎刺，在内部杀死幼虫；也可用钢丝做一端带尖钩的弹簧式刺探器，缓缓旋入洞道内，直至底部以刺杀幼虫。6 月下旬至 8 月下旬成虫发生期，每天傍晚巡视果园，捕捉成虫。成虫白天不活动，可振动树干使虫落地捕杀。

（3）毒杀幼虫。初龄幼虫刚入木质部时，取敌敌畏、敌百虫等杀虫剂 20 倍～30 倍液，用注射器将药液注入虫道，然后用黏土将孔口堵严，以毒杀幼虫。

（4）果园附近严禁种植构树（因构树容易招引天牛成虫）。

金龟子的预防技术有哪些？

（1）加强果园土壤管理，减少虫口基数。

（2）诱杀。树上挂糖醋液瓶、碗或利用黑光灯诱杀，也可剪取杨、柳、榆枝条在辛硫磷液中浸蘸 2～3h，傍晚分散插到果园诱杀金龟子。

（3）利用金龟子的假死性。做法是在傍晚之前一两个小时里，敲击树干或树枝，振落地上的金龟子及时踩踏，消灭金龟子。

怎样防治鼠害（中华鼢鼠、瞎老鼠、瞎狯）？

（1）人工捕杀。采用地箭、弓箭法或弓形夹捕打法，地箭、弓箭安放在洞上，弓距洞口约 15cm，箭射下之后，要恰在洞道的正中位置；也可在洞内安放弓形夹,把夹子用细铁丝固定于洞外的木桩上,若鼠被夹住,夹上的铁丝就绷得很紧,容易发现。

(2)药物毒杀。毒杀鼢鼠的时间最好在5月中旬以前,用杀鼠药物和葱、马铃薯等拌制成毒饵,方法有开洞投饵法。也可以用磷化铝片熏杀,挖开鼠洞,两边各放置2片,用土密封洞口。

(3)隔离。果园和荒地、沟边接壤时容易吸引害鼠,可以在9月上旬沿果园外围开挖深度50cm、宽度30cm的隔离沟,减少外来害鼠的数量。

苹果蠹蛾如何防治?

苹果蠹蛾以幼虫蛀食苹果、梨、杏等的果实,造成大量虫害果,并导致果实成熟前脱落和腐烂,蛀果率普遍在50%以上,严重的可达70%~100%,严重影响了国内外水果的生产和销售。防治办法:

(1)严格进行植物检疫。

(2)密切监测虫情。

(3)果树休眠期到早春发芽前,刮除树干的粗老翘皮,清除地面残枝、落叶、落果,集中烧毁。

(4)利用诱虫灯诱杀成虫,还可用性诱器诱捕成虫,均可取得一定的效果。

(5)化学防治。有效的药剂有:25%的胺甲萘可湿性粉剂400倍液、10%的二氯苯酯(氯菊酯)乳油1500倍液,20%的氰戊菊酯(速灭杀丁、杀灭菊酯)乳油2000倍液等。

梨花网蝽如何防治？

梨花网蝽

梨花网蝽为害状

成、若虫在叶背吸食汁液，被害叶正面形成苍白点，叶片背面有褐色斑点状虫粪及分泌物，使整个叶背呈锈黄色，严重时被害叶早落。各地均以成虫在落叶、杂草、树皮缝和树下土块缝隙内越冬。防治方法：

（1）消灭越冬成虫，彻底清除树下落叶、杂草，刮除老树皮。

（2）越冬成虫出蛰上树时，如数量多，可用药剂防治。用药种类及浓度：2.5%的功夫菊酯、20%的速灭杀丁、2.5%的溴氰菊酯等菊酯类农药1500～2000倍液，35%的赛丹1500～2000倍液等药剂。

（3）于9月份树干绑草把诱集越冬成虫加以消灭。

蝽象如何科学防治？

茶翅蝽、黄斑蝽、梨蝽等蝽象是苹果生长中后期果实上的重要害虫，其为害主要是叮吸果实，吸取果汁，导致果实畸形，成为残次果，失去商品价值。苹果上的茶翅蝽、黄斑蝽和梨蝽等果实蝽类常混合发生，以茶翅蝽为主，其为害果率约占蝽类为害果的95%左右。

茶翅蝽、黄斑蝽和梨蝽1年只发生1代，均以受精的雌成虫在果园内的堰缝、树洞、杂草、落叶等特殊环境，或在果园外的室内、室外的房檐、墙缝、草堆内等处越冬。越冬后的成虫于5～6月开始出蛰活动，6～7月产卵，7～8月孵化，先在群集卵块附近为害，而后逐渐分散为害。8～9月羽化为成虫，由就近为害转为迁移为害果实，全年中以8～9份成虫为害期最盛，果实受害最重。

7～8月卵孵化期喷施菊酯类杀虫剂，也可混加氯化烟碱类杀虫剂以增强其防治效果，消灭果园内及周边林木上的初孵若虫，成虫越冬期间人工捕杀，可有效地控制果园内蜷类的为害。然而，由于蜷象的迁移性强，对于山区果园和周围有山岚林木的果园，单独消灭果园内及周边林木上的初孵若虫，仍难以有效控制其迁移性为害。

蜷象卵　　　　　　　　　蜷象为害状

蜷象成虫　　　　　　　　蜷象卵

（图片引用张立功老师）

叶蝉如何防治？

发生规律：以成虫在落叶、杂草、石缝、树皮缝内越冬。次年春季，苹果树萌芽时，开始上树为害，并在叶片主脉组织内产卵。卵多散产，若虫孵化后留下褐色长形裂口。若虫喜欢群集在叶背，受惊时横行爬动或跳跃。7～9月为一年中的盛发期，世代重叠，虫口数量多且为害严重。

防治方法：

（1）人工防治。果树落叶后，彻底清扫园内杂草、落叶，集中深埋或投入沼气池，以消灭越冬虫源。利用成虫趋光性，设置星光灯诱杀成虫。

（2）化学防治。在春季苹果树萌芽时发现叶蝉发生为害，用10%的吡虫啉可湿性粉剂4000倍液，或3%的啶虫脒乳油2500倍液，或25%的吡蚜酮悬浮剂2000～3000倍液均匀喷洒叶片。

叶蝉为害状　　　　　　　　　　小叶蝉

如何防治大青叶蝉的为害？

为避免幼树因大青叶蝉在其枝条上产卵而造成死枝、死树现象的发生，可于10月上旬前在幼树主干、主枝上涂白，以阻止大青叶蝉在此产卵。白涂剂的配方是：生石灰10份、食盐1～2份、水35～40份，用水将生石灰化开，去渣，倒入食盐水中，搅拌均匀即成。也可用杂草或塑料布包扎幼树枝条，既能阻止大青叶蝉产卵，又可防止抽条。

大青叶蝉为害状

（上述图片引用张立功老师）

如何配制波尔多液？

原料：水、生石灰、硫酸铜。

比例：硫酸铜：生石灰：水 =1 ：2～3：200～240。

配制方法：以 120kg 水为例。

第一步：先将 0.5kg 硫酸铜用热水完全化开，放在塑料桶中加水 15kg 备用。

第二步：用冷水将 1.5kg 生石灰在桶中完全化开，然后加足 15kg 水。

第三步：将硫酸铜溶液和石灰液同时倒入盛有 90kg 水第三个喷药容器内。

注意问题：

①操作过程中不能用金属容器。

②生石灰若质量好，可用量减少到 2 份，若质量差，用量要增加到 3 份；水的比例随温度变化而定，气温高时，用水 240 份，反之用水 200 份。

③喷药过程中要边喷边搅拌，防止沉淀。

④波尔多液中可加入部分杀虫剂，效果极佳。

⑤该药适宜在套袋以后使用，间隔 15～20d 以上，防早期落叶病效果明显。

如何熬制石硫合剂？

原料：生石灰、硫黄、水。

比例：生石灰：硫黄：水 =1：2：13。

①粉成末的硫黄化成糊状待用。

②把水烧至 70℃时，在锅上标下水位刻记。然后停火放入生石灰，边放边搅拌，使石灰完全溶化。

③继续加热，待水沸腾后倒入硫黄糊，边倒边搅拌使之充分混合。

④继续加热，待沸腾后停大火，改成小火烧，始终保持沸腾，并及时补热水

到原来刻记处。40min 后待药液变成棕红色停火。待药液晾凉，且沉淀清后倒入贮备容器中。

如何配制糖醋液？

原料：红糖、醋、水。

比例：红糖∶醋∶水 =1∶3∶8。

将水烧开加红糖使之充分溶解，加入醋，然后熬 3～5min 即可。

如何配制固体接蜡？

接蜡：用于果树嫁接和腐烂病刮治后等伤口保护。取松香 4 份、蜂蜡 2 份、猪油 1 份。先将松香放在锅内加温水溶开，再将蜂蜡、猪油加入，溶化后充分搅拌调好后倒入盛有冷水的盆中，使之冷却，用手充分揉搓后将水倾出即成。此即固体接蜡，用时加热即可。还有以下比例：松香 4 份、蜂蜡 1 份、猪油 1 份或松香 3 份、蜂蜡 1 份、猪油 2 份或松香 2 份、蜂蜡 2 份、猪油 1 份。

如何配制液体接蜡？

取松香 16 份、猪油 2 份同时加热溶化充分搅拌均匀，停火冷却。再慢慢加入酒精 6 份和松香油 1 份搅拌均匀即成。还有以下比例：松香 300g，猪油 100g，酒精 100g，抽枝宝 5g。配制方法：先将猪油加热化开，再加入松香末，待溶化后移火 20～30min。然用温水软化抽枝宝，再用 75% 的酒精稀释软化的抽枝宝并徐徐倒入，注意边倒边搅拌，配制好的液体接蜡宜用薄铁皮食品盒或油漆盒盛放。

如何配制波尔多浆?

波尔多浆主要用于涂抹伤口的消毒。取硫酸铜0.5kg、生石灰1.5kg、水7.5kg,用4kg水配成石灰乳,3.5kg水配成硫酸铜液。将硫酸铜液倒入石灰乳中(或两种液同时倒入另一个容器中)边倒边搅拌,再加0.1kg大豆黏着剂或适量豆浆和动物油0.23kg即成。

苹果树缺素症及防治措施

如何防治果树缺氮？

（1）症状：氮素过多，易造成旺长、徒长，大量消耗有机营养，造成果树花芽分化不良，果实品质下降，发生果实病害，树体易遭受冻害。氮素不足，叶片小而色淡，新梢嫩叶变黄色，叶脉及叶柄呈红色，枝条基部叶片黄化，逐渐向枝梢顶端发展，严重时造成落叶；枝条细弱、短小，呈红褐色；花芽显著减少，难于成花结果；果实变小而早上色、早熟，色暗淡不鲜艳，开花坐果期氮素不足，会造成大量的落花落果。

（2）防治方法：及时追施尿素、硝酸铵等氮素化肥。

如何防治果树缺磷？

（1）症状：磷过多，会影响根系对锌、铜的吸收，引起缺锌、缺铜症，也影响对氮、铁的吸收。磷不足，叶小，叶片出现紫红色斑，叶柄及叶背的叶脉呈紫红色，早春或夏季生长较快的枝叶呈红色，新梢末端的枝叶特别明显；严重缺磷时，老叶变为黄绿色和深绿色相间的花叶状，有时产生红色或紫红色斑块，叶缘出现半目形坏死斑，甚至叶边焦枯、叶脱落；新梢、根系生长减弱，树条细弱而分枝少，植株矮小；果实品质下降，色泽不鲜艳，含糖量降低；花芽形成不良，抗逆性减弱，易受冻害。

（2）防治方法：叶面喷布 0.5%～1% 的过磷酸钙；在根系分布层施颗粒磷肥。

如何防治果树缺钾？

（1）症状：钾过多，由于元素间的拮抗作用，影响氮、镁、钙、铁、锌等其他元素的吸收和利用。钾过多，果实皮厚、硬度小、不耐贮藏。钾不足，病症先从新梢中、下部叶片出现。由于钾的再分配能力强，缺钾首先表现在老叶上，叶尖和叶缘常发生初为紫色后变褐色的枯斑，叶片皱缩；缺钾严重时，整个叶片焦枯，但多不脱落；轻度缺钾，叶片上也有枯焦现象，但仍能形成较多的小花芽，多数能开花结果，但果实小、着色较差。

（2）防治方法：生长季节追施草木灰、磷酸二氢钾、氯化钾、硫酸钾、硝酸钾等钾肥；叶面喷施浓度为 3%～10% 的草木灰浸出液，其他钾肥为 0.5%～1%；增施有机肥料，氮磷钾合理搭配。

如何防治果树缺钙？

（1）症状：钙过多，由于拮抗作用，影响铁等元素的吸收和利用。轻度缺钙，新根停止生长早，根系短而粗；缺钙严重时，新生幼根从根尖向后逐渐枯死，在枯死处后部又长出新根，形成粗短且分枝多的根群。嫩叶首先出现症状，叶片较小，在嫩叶上产生褪绿色至褐色坏死斑，嫩叶边缘向上卷曲，严重时叶片出现坏死组织，叶片边缘变成棕褐色的焦枯状。枝条枯死，花朵萎缩。果实缺钙易患苦痘病、水心病等多种生理病害，缺钙的果实，细胞间的黏结作用消失，细胞壁和中胶层变软，细胞破裂，贮藏期果实变软。

（2）防治方法：

①调整栽培管理措施。增施有机肥，肥料均衡配合；防止偏施氮肥，避免施铵态氮肥，施用石灰质肥料，如石膏、过磷酸钙、钙镁磷肥等；控制化学肥料用量，避免一次施肥过多；改善土壤管理，促进根系生长；细致修剪，适当夏剪，控制枝叶过旺生长；及时灌溉，防止土壤干旱，雨季及时排水。

②生长期喷钙。果实补钙主要靠喷施钙剂，主要有硝酸钙、氯化钙和螯合钙。苹果果实吸收积累钙主要在幼果期，果实发育后期也能吸收，一般可在幼果期至采收前喷施 3～8 次。套袋果园可在套袋前喷施 2～3 次，除袋后喷施 1 次。

如何防治果树缺镁？

（1）症状：镁过多，会影响钙的吸收。镁不足，顶部嫩叶逐渐失绿，以后新梢基部成熟叶片外缘和叶脉间出现淡绿色斑块，逐渐变成红褐色或深褐色，卷缩脱落；果实缺镁不能正常成熟，果实小，着色不良，易早期落果，风味差。

（2）防治方法：结合施有机肥，施用硫酸镁，成龄树每株施 500g，小树 200g；在生长期喷 3～4 遍 0.3% 的硫酸镁溶液。

（3）缺钾症与缺镁症的区别：

①缺钾症黄色部分（或褐色部分）和绿色部分的对比明显、清晰，而缺镁症则对比不清晰。

②缺钾症引起叶缘焦枯。

③缺镁症易发生在酸性土壤果园。

如何防治果树缺铜？

（1）症状：铜过多，易发生元素间的拮抗作用。缺铜时，最初叶片出现褐色斑点，扩大后变成深褐色，引起落叶；新生枝条顶端枯死，第 2 年春从枯死处下部的芽开始生长，树冠形成丛状，生长受抑制；缺铜还会导致早期落叶，树干上形成流胶的凸起和裂缝，抗性降低，易遭受冬季冻害。

（2）防治方法：缺铜严重时，可于芽前喷施 0.05% 的硫酸铜溶液或生长季节喷 0.01% 的硫酸铜溶液；也可每 $667m^2$ 施 1～2kg 硫酸铜。

如何防治果树缺铁？

（1）症状：铁过多，和金属阳离子镁、锌、钾、锰、铜产生拮抗作用影响其他元素的吸收和利用；缺铁，引起叶片失绿变黄（黄叶病），新梢顶端叶色变黄，脉间失绿，呈清晰的网纹状，严重时整个叶片特别是嫩叶呈现淡黄色，甚至发白，后期嫩叶边缘焦枯，叶柄基部出现紫色和褐色斑点。严重缺铁时，黄化程度逐渐加重，叶子全部变为漂白状，甚至全叶枯死而早落；新梢顶端枯死，呈枯梢现象，严重削弱树势，影响产量。

（2）防治方法：结合施有机肥，施用硫酸亚铁，成龄树每株施 500g，小树适当减量。缺铁严重的果树，发芽期喷布 0.5% 的硫酸亚铁溶液，生长季节每隔 20d 叶面喷布 1 次 0.1%～0.2% 的硫酸亚铁溶液或柠檬酸铁溶液，也可将硫酸亚铁与有机肥料混合后，挖沟施入根系分布的范围内。

如何区别缺素症和病毒病症状？

（1）症状：苹果缺铁表现为叶色变黄，但叶脉保持绿色；而由病毒引起苹果花叶病，表现为叶片上形成鲜黄色病斑，大小不等，形状不定，边缘清晰，有的沿叶脉褪绿成黄白色，使叶片呈现网状。

（2）田间分布：由于相同地段土壤环境基本相似，在品种和树势较一致的情况下，缺素症往往成片发生，病毒病则多呈零星分布。

（3）传染性：果树缺素症不相互传染，病毒病可通过嫁接传染。

（4）防治方法：缺素症可以施用相应的微量元素或肥料进行矫治，使症状减轻或消失；病毒病则不能采用施肥或喷药的方法进行治疗，只能通过拔除病株根治或栽培无病毒的苗木进行预防。

如何防治果树缺锰？

（1）症状：锰过多，易发生粗皮病；锰和铁有拮抗作用。缺锰，最初时叶脉间呈淡黄绿色，有斑点，由叶缘向中脉发展，失绿处叶脉不明显；严重缺锰时，叶片全部变黄，叶间出现褐斑；缺锰树新梢顶部和中部叶片呈人字形，由上向下黄化，渐及老叶，从老叶叶缘开始失绿变黄绿色，逐渐扩大到主脉间失绿，严重时全叶变成黄色，叶尖出现褐色斑点。

（2）防治方法：增施有机肥料，将氧化锰、氯化锰等与有机肥混施。5～7月每20d左右喷1次0.2%～0.3%的硫酸锰溶液，共喷3～4次，可与喷波尔多液一同进行。

缺锰与缺铁症状如何区别？

（1）新生叶片不失绿为缺锰，新生叶片失绿为缺铁。

（2）缺铁症叶片是自上而下渐轻，而缺锰症则是自上向下渐重。

如何防治果树缺锌？

（1）症状：缺锌发芽较晚，节间缩短，细叶簇生成丛状，叶形狭，质地脆硬，俗称"小叶病"。严重时枯梢，枯枝下部可再发新梢，病树花芽减少，花朵小而色淡，不易坐果，果小而呈畸形。

（2）防治方法：增施有机肥料，注意氮磷钾肥料的比例。结合施有机肥施入硫酸锌，盛果期大树每株施200g，初果期小树每株施50g左右。发芽前半个月左右，全树喷3%～5%的硫酸锌溶液，花期喷0.3%的硫酸锌，盛花后3周喷布0.2%的硫酸锌溶液+0.3%的尿素。

如何防治果树缺硼？

（1）症状：缺硼，枝条顶端叶簇生，节间变短，簇生厚而脆的小叶，叶脉变红，叶面凸起或皱缩。春季发芽不正常，部分芽萌发后不久死亡，或发出的细弱枝不久即枯死，在枯死部位下又形成许多纤细枝丛生成"扫帚枝"。早期发生缺硼，果实形成木栓层、畸形，果实出现缩果病（猴头果）；晚期发生缺硼，果形正常，但果肉内有大小不等的褐色木栓层，果面出现凹陷。

（2）防治方法：果树缺硼与土壤的营养状况有关，瘠薄土壤、干旱和水分过多时容易缺硼。可结合施有机肥施入硼砂，大树每株100～200g，4～5年生小树50g左右；也可于萌芽前、花前、盛花期、落花期等阶段喷0.1%～0.3%的硼砂溶液。花期喷硼，有利于提高坐果率。

苹果新品种介绍

早熟苹果新品种——华硕

品种来源：郑州果树研究所以美八×华冠杂交培育而成，2009年通过河南省林木良种品种审定。

品种特性：该品种为大果型，成熟早、果实大，平均单果重241g，果实底色黄绿色，全面着鲜红色，条红。果肉淡黄色，风味酸甜。硬度$10.1kg/cm^2$，可溶性固形物含量13.2%，可滴定酸含量0.31%。采前不落果，克服了苹果早熟品种采前落果的共性缺点，其果实可提前采收，也可充分成熟后采收。

果实大小：75～90mm。

树体长势：树势中庸，产量高。

成熟期：8月上旬。

授粉树：富士、金冠、专用授粉树。

贮藏期：该产品久贮不沙化、货架期长，室温条件下可贮藏30d左右，冷藏条件下可贮藏3个月，气调贮藏可到来年6月份。

早熟苹果新品种——美国8号

美国品种，果实整齐端正，平均单果重220g，最大单果重350g；果实短圆锥形，果柄中长、略粗；果皮中厚，果面光洁细腻无锈斑，底色乳黄色，充分成熟时，着鲜红色霞，十分艳丽，具蜡质光泽；果肉黄白色，细脆多汁，风味香甜浓郁，品质上等。8月初果实成熟，室内常温下可贮藏20d。树势中庸，树姿较直立，萌芽力中等，成枝力强，进入结果期早。6年生树株产28.6kg，折合每667m^{2}产2431kg。采果前无落果现象。适应性和抗逆性强，既适合高肥水土壤，又适合山旱地区栽培。抗斑点落叶病、果实轮纹病和蚜虫。唯其成熟期不太一致，需分2～3次采摘。

早熟苹果新品种——秦阳

陕西省果树所选育的早熟新品种，2005年通过审定，较藤牧晚熟1周左右。果实个大高桩，着艳条红，质细松脆，味酸甜，早果丰产，7月下旬成熟，货架期15～20d。适宜陕西渭北及同类地区栽植。果实近圆形，平均单果重198g，最大单果重245g，果形端正。果实底色黄绿，着鲜红色条纹，色泽艳丽，光洁无锈，果粉薄，蜡质厚，有光泽，果点中大。果梗中粗，梗洼中广、中深，萼洼浅、广，萼片中大，直立，闭合。果肉黄白色，肉质细脆，汁中多，风味酸甜，有香气。可溶性固形物含量12.18%，品质上等。秦阳苹果在常温下可存放15d，较美国8号耐贮藏。

早熟苹果新品种——鲁丽

品种来源：山东省农科院果树所以藤木×嘎啦杂交培育而成，2017年通过山东省林木良种品种审定。现该品种归威海奥孚苗木繁育有限公司持有。

品种特性：成熟早，成熟期比嘎啦早10～15d，平均单果重215.6g，高桩，果形指数0.95，无袋条件下，全果面着色，浓红，果面光滑，有蜡质和果粉，果点小，果梗长度中，梗洼中深、无锈。内在品质高，果心小，果肉淡黄色，肉质细、硬脆，汁液多，甜酸适度，苹果特征香气含量高，可溶性固形物含量14.6%～17%。

果实大小：70～85mm。

树体长势：树势中庸，产量高。

成熟期：7月下旬。

抗病性：抗多种叶部病，尤其抗炭疽叶枯与褐斑病等，抗轮纹病及果实黑红点病、褐腐病等，早熟，果实病虫害较少。

授粉树：富士、金冠、专用授粉树。

贮藏期：室温条件下可贮藏1个月果肉不变绵，冷藏条件下可贮藏5个月。

早熟苹果新品种——巴可爱

品种来源：美国从嘎啦中选育。

果实性状：表面光亮深红，全红型；果形短圆锥形或圆形，口感酥脆、多汁，酸甜适口；果实硬度佳，不易发绵；上色早于成熟期。

果实大小：65～75mm。

树体长势：树势中庸，易成花，丰产性强，易管理。

成熟期：8月上中旬。

授粉树：富士、金冠、蜜脆、专业授粉树。

贮藏期：普通冷藏可到12月，气调贮藏可到来年3月。

早中熟苹果新品种——蜜脆

品种来源：美国明尼苏达州选育。

果实性状：果实圆锥形，果个特大，单果重310～330g，最大单果重500g，果皮薄而光滑，全红或条纹，果肉呈乳白色，果实脆而不硬，多汁，酸甜适口；品质佳。

果实大小：90～110mm。

树体长势：幼树生长旺盛，结果树树势中庸，结果早，易成花，丰产性极好，连续结果能力极强，以腋花芽和长枝顶花芽结果为主。

成熟期：8月下旬至9月上旬。

授粉树：富士、嘎啦、金冠、专业授粉树。

贮藏期：普通冷藏可到来年1月，气调贮藏可到来年4月。

中晚熟苹果新品种——天汪 1 号

(该图片引用张立功老师)

红星苹果的短枝型芽变,1980 年发现于天水,2003 年通过审定。树势较强,树姿直立或半开张,树体较矮小。冠内长枝少而粗壮,短枝多而密生,萌芽率高,成枝力弱。果实圆锥形,端正,五棱突起明显。果面底色黄绿,全面鲜红至浓红色,色相片红。中大果,平均单果重 210g,最大苹果重 415g。果肉黄白,略带绿色,肉质细而致密,汁多味香甜;可溶性固形物含量 11.9%～14.1%,9 月中旬成熟,无明显大小年现象。

中晚熟苹果新品种——凉香

辽宁熊岳果树所通过"948"项目引进日本最新推出品种,是早熟富士系中品质极优的品种之一;2006年品种备案。单果重300g,整齐,果肉淡黄色,肉质脆,果汁多,品质极上;果实发育期130d,栽后3年结果,5～6年丰产。较易成花,抗寒性、抗病性较强;目前在辽宁、山东等省已有小规模栽培,果品主要销往国内市场,是中秋、国庆双节上市的极佳苹果品种。

中晚熟苹果新品种——美味

品种来源：加拿大选育。

品种特性：花期：一般6～8d，一般在4～5月份，每花芽有花3～7朵，且中心花先开。采收期：9月中下旬。果个中等。果实易着色，阳面鲜红。底色乳黄色，果面洁净。果形端正高桩，具五棱，果肉乳白色，细腻多汁，脆、硬、甜，有宜人香气。

贮藏期：普通冷藏可到来年4月，气调贮藏可到来年6月。

中晚熟苹果新品种——秦脆

品种来源：西北农林科技大学园艺学院以长富2号 × 蜜脆选育出的晚熟苹果新品种，2016年通过陕西省果树品种审定委员会审定。

品种特性：果实性状继承了双亲的优良特性，肉质脆，汁多，酸甜可口，其早果丰产性、风味品质和抗逆性优于富士；无采前落果现象。

果实大小：90～110mm。

树体长势：树势中庸，丰产性好。萌芽率高，成枝力强，易成花，树体管理容易，抗旱耐瘠薄。

成熟期：比长富2号早10d左右，一般在9月下旬到10月上旬成熟。

授粉树：嘎啦、金冠、专用授粉树。

贮藏期：普通冷藏可到来年3月，气调贮藏可到来年6月。

中晚熟苹果新品种——玉华早富（弘前富士）

品种来源： 从日本弘前富士中选育的中熟富士品种。

品种特性： 大型果，单果重 350～450g，果面呈条状浓红，果形高桩，果实近圆形，着条纹状鲜红色，果个与富士相当，整齐度、优果率好于富士，果肉细脆多汁，品质上等。可溶性固形物含量 15% 左右，多汁，肉质细脆，口感与晚熟富士相同，较耐贮运。

果实大小： 70～85mm。

树体长势： 树势中庸，长势较旺，萌芽率低，成枝力强，角度较开张，叶片大而薄。

成熟期： 9月中下旬（比普通富士早10～15d）。

授粉树： 嘎啦、澳洲青苹、专业授粉树。

贮藏期： 普通冷藏可到来年10月底。

中晚熟苹果新品种——九月奇迹

品种来源：美国从富士中选育。

果实性状：片红，果肉黄白色，多汁，典型的富士风味；含糖量14%～16%，果实硬度高。

果实大小：75～85mm。

树体长势：树势中庸，没有普通富士长势旺，树干矮壮，枝条平展，角度开张，叶片宽大。

成熟期：9月上旬（比普通富士早30～40d）。

授粉树：嘎啦、金冠、澳洲青苹、专业授粉树。

贮藏期：普通冷藏可到来年3月，气调贮藏可到来年5月。

晚熟苹果新品种——瑞阳

品种来源：西北农林科技大学园艺学院以长富2号×秦冠选育出的晚熟品种，2015年通过陕西省果树品种审定委员会审定，2019年通过国家审定。

品种特性：果实圆锥形或短圆锥形，平均单果重282.3g，果形指数0.84。底色黄绿，全面鲜红色，果面平滑，有光泽，果点小，中多，浅褐色，果粉薄。果肉硬度7.21kg/cm^2，可滴定酸含量0.33%，可溶性固形物含量16.5%，果肉乳白色，肉质细脆，汁液多，风味甜，具香气。果实成熟期较一致，无采前落果现象。

果实大小：80～90mm。

树体长势：树势中庸，萌芽率高，成枝力较强，易成花。

抗病性：高抗褐斑病，抗白粉病。

授粉树：嘎啦、金冠、专用授粉树。

贮藏期：果实耐贮藏，在常温条件下可贮藏5个月，普通冷库可贮藏10个月。

晚熟苹果新品种——瑞雪

品种来源：西北农林科技大学园艺学院以秦富1号×粉红女士选育出的晚熟品种，2015年通过陕西省果树品种审定委员会审定，2019年通过国家审定。

品种特性：果实黄色，果面光洁，果点小，无锈，外观优于"金冠"和"王林"；大果型，平均单果重256g，果形端正高桩；肉质细脆，酸甜适口，风味浓，果实10月中下旬成熟，极耐贮藏。

果实大小：80～90mm。

树体长势：具短枝特性，早果、丰产性强，综合性状优于传统黄色品种"金冠"和"王林"，有望成为我国优质晚熟黄色品种的换代品种。

成熟期：10月下旬。

授粉树：嘎啦、金冠、专用授粉树。

贮藏期：普通冷藏可到来年3月，气调贮藏可到来年6月。

晚熟苹果新品种——瑞香红

品种来源：西北农林科技大学园艺学院以秦富1号×粉红女士选育出的晚熟品种。

品种特性：果实呈圆柱形，果形高桩，果个中等，单果重245g，果实大小整齐。果实外观全面着鲜红色，色泽鲜艳、果面光洁、果肉黄白色、肉质细脆。吃起来口感酸甜，汁液多，香气浓郁，品质佳，商品率高。瑞香红每年10月下旬成熟，果实极耐贮藏。

果实大小：80～90mm。

树体长势：树势中庸，容易成花。自然萌芽率强，自然发枝力中等，矮化自根砧栽培条件下可以实现在第2年成花，第3年零星挂果。以中长果枝结果为主，易成花，无大小年现象。对白粉病、褐斑病、炭疽叶枯病有较强抗性，抗寒性强于"粉红女士"。

成熟期：10月下旬。

授粉树：嘎啦、金冠、专用授粉树。

贮藏期：普通冷藏可到来年3月，气调贮藏可到来年6月。

晚熟苹果新品种——烟富10号

品种来源："烟富10号"苹果是烟台红富士苹果的一种,从"烟富3号"芽变中选育出来,由烟台市果树工作站定名为"烟富0"。2012年通过山东省农作物品种审定委员会审定,定名为"烟富10号"。

品种特点:果实长圆形,高桩端正;果个大,单果可重400g以上;果实着色全面浓红,色相为片红、艳丽;果肉淡黄色,肉质致密、细脆;汁液丰富,10月中上旬果实成熟。该品种是优质、丰产的晚熟优良红富士品种。乔化砧树4~5年开始结果,矮化砧树2~3年开始结果,5年后进入盛果期。产量高,每棵树可产果35kg以上,每667m² 产量3500kg以上,并且优质果多,可达85%以上。该品种对气候和土壤的适应性较强,在适栽产地生长和结果均表现良好,优质丰产,果实着色好,果面洁净,色泽艳丽,商品果率高,很少有生理落果和采前落果,比较抗炭疽病和早期落叶病。

晚熟苹果新品种——阿森泰克

品种来源：新西兰选育的富士优系，矮化密植品种，在美国称之为"未来之脸"（The face of Future）。

品种特性：相对于其他品种，大小年结果不明显，果实对日烧不敏感。树势强、有活力（优选砧木 M9-T337），可快速达到丰产。果实为漂亮的全红色，果肉/味道：清脆，多汁，细腻；味甜，几乎没有酸度。含糖量 16% 以上。

成熟期：10 月中下旬成熟，成熟期是富士品种中较晚的。

果实规格：70～85mm。

授粉树：嘎啦、金冠、澳州青苹等。

贮存性：冷库中可贮存到来年 3 月，在气调库可贮存到来年 6 月。

敏感性/抗病毒能力：对霉菌、火疫病和溃疡病敏感性不高。

晚熟苹果新品种——福布瑞斯

该品种是无毒富士 brak（s）的红色芽变。Fuji kiku 8 的脱毒芽变体，Thomas Braun 在意大利南蒂罗尔获得，Fuji kiku Fubrax 比 kiku 8 性状更加优良。

成熟期：10 月中下旬成熟，成熟期是富士品种中较晚的。

果实规格：70～85mm。

授粉树：嘎啦、金冠、澳州青苹等。

贮存性：冷库中可贮存到来年 3 月，在气调库可贮存到来年 6 月。

敏感性/抗病毒能力：对霉菌、火疫病和溃疡病敏感性不高。

晚熟苹果新品种——维纳斯黄金

品种来源：维纳斯黄金为日本专家选育的品种，与富士搭配的两个品种组合作为赠品极受欢迎，是苹果界的"维纳斯"，故命名为"维纳斯黄金"。

品种特性：无袋栽培果树阳面浅红，果肉黄色，平均单果重247.9g，无酸味，甜味浓，有特殊芳香气味，果实硬度7.6kg/cm^2，果肉硬，果汁多，品质好，易成花。含糖量16%以上。

成熟期：10月中下旬成熟。

果实规格：65～75mm。

授粉树：富士、澳州青苹。

贮存性：冷库中可贮存到来年5月，在气调库可贮存到来年9月。

中晚熟苹果新品种——鸡心果

品种来源：最早发现于内蒙古通辽市麦新镇一农民家中。

品种特性：果实口感酸甜适口，有香气。果实观赏性好，雪后仍有果挂在树上，观赏食用为极上品。品质上乘，经济价值高，有很大的开发前景。

果实大小：一般直径40-50 mm。

树体长势：树壮叶厚，抗寒耐旱，果形秀美，色泽亮丽。

成熟期：9月上旬。

贮藏期：贮藏期1个月以上。

附件

苹果园春季防治病虫害八法

惊蛰过后，气温渐暖，地温上升，树液流动开始生长，一些病虫害也开始复苏蔓延，为了有效地降低病虫害基数，减少农药用量，确保果品无公害，因而要做好春季果园病虫害防治工作。

一"清"。冬前未清园或清园不彻底的园子，一定要尽快将病虫枝、浆果、杂草、落叶、废套袋等彻底清除，深埋或带出园外烧毁。特别是诱虫带，一定要赶在惊蛰前全部收集烧毁。有病虫害的枝叶一定要带出园外烧毁。

二"刮"。认真刮除粗老翘皮、病疤，并将其收集干净，不得落地，带出园外烧毁。一般用刮刀刮到皮露绿白相间的位置最佳。

三"涂"。刮皮后，一定要认真涂药保护。对病疤，用戊唑醇500倍液，或菌毒清、腐必清、菌立灭、农抗120等杀菌剂50倍液涂刷，7~10d后再涂刷1次。

四"灌"。苹果绵蚜等病虫害在一些园区时有发生，并在树下根茎土壤中越冬。随春季气温回升，各种害虫开始苏醒上树。凡绵蚜等害虫发生的园区，都要在根颈周围20~30cm范围内进行药剂灌根。可选用50~1000倍的乐斯本（或农地乐、速扑杀、毒死蜱）每株灌5~10kg。灌后用土覆盖，以防药液挥发。

五"撒"。结合清园和春季施肥撒可湿性粉剂农药，常用药粉有呋喃丹等，药粉与干土拌匀，撒后轻耙，每667m^2用量为3~5kg。根颈处一定要撒到，防止各种害虫上树。

六"喷"。发芽前树上、地面全面细致喷800倍机油乳剂或48%的毒死蜱或40%的杀扑磷，兼杀介壳虫类害虫。树上、地面必须喷到，呈淋洗式，对枝干、缝、杈、洞、剪锯口、粗翘皮、伤疤、主干及根颈等害虫易栖居处更要喷到。喷药后地面要轻耙1次，促进药与表土混合（杀菌剂和杀虫剂混喷效果好）。

七"包"。用 40% 的蚜灭多或果蚜必杀、乐斯本等 500 倍液，混合 80% 的戊唑醇 300～400 倍液、渗透剂 800 倍液，与干净土和成糊状药泥，选主干光滑部位涂 20～30cm 宽的药泥带，厚度 2cm 左右，用农膜包扎严实，使泥浆中的药液被树体吸收，以杀死皮层中的害虫、病菌。若膜内药液被树体吸收完，还可继续灌注药液。包扎期可延续到果树停长时，随后解膜刮取药泥。

八"解"。在地面解冻时（即果树发芽前），一定要将上年秋季主干上绑的药草环、废布条环、诱虫带等及时解除烧毁，以消灭在树上越冬的害虫卵。

生物有机肥的相关知识

随着绿色食品的兴起，人们对食品安全的要求越来越严格，限制使用化肥、农药，控制有害物质残留已经成为现代农业发展的趋势。生物有机肥技术是以畜禽粪便、城市生活垃圾、农作物秸秆、农副产品和食品加工产生的有机废弃物为原料，配以多功能优异发酵菌种，使之快速除臭、腐熟、脱水，再添加功能性微生物菌剂，加工而成的含有一定量功能性微生物的有机肥料。近年来，生物有机肥以使用安全、分解有害物质、促进肥效、减轻病害、增产增收等优点而深受欢迎，在世界各地农业、林业等领域广泛应用。那么，生物有机肥是如何提高土壤肥力、减轻病害、增产增收的呢？

先说说生物有机肥是如何提高土壤肥力的。众所周知，土壤主要由矿物质、有机质和微生物三大部分组成，是农作物生长发育的基础。果树根际土壤微生态区域的微生物的多少、活性及活性大小等，对果树根部营养的吸收和转化非常重要。土壤中有益微生物直接参与土壤肥力的形成和发育等一系列物理化学过程，如土壤中物质和能量的转化、腐殖质的形成和分解、养分的释放、氮素的固定，等等。但自然状态下有益微生物数量是远远不够的，作用力也很有限。因此，采用人为方式向土壤中增加有益微生物数量，就能够增强土壤微生物的数量和整体活性，从而明显提高土壤肥力。在植物根际施用生物有机肥，可以大大增加根际土壤中有益菌的数量和活性，促进土壤肥力的增强。我们所施用菌肥中的有益菌群，能充分分解化肥和有机肥，固氮、解磷、解钾，并且能够改良土壤理化性状，改善土壤团粒结构，大幅度提高肥料利用率。

再说说生物有机肥是如何减轻病害的。施用生物有机肥后，这些菌肥中的微生物在植物根部大量生长繁殖，甚至在土壤（如硅酸盐细菌等）、根际（如根部固氮菌等）、植物体内外（如内生或外生菌根等）、叶面（如益微菌等）等有限空间形成数量巨大的菌落，从而形成优势菌群。这种先入为主的占领方式，使有害的病原菌失去了立足之地，无法竞争，这样就能抑制和减少病原菌的入侵和繁殖机会，从而阻止了病菌的侵染，所以能有效预防病害的发生。施用微生物菌肥，可充分发挥药肥双效的作用，相对地增强了植株的抗病性，起到了减轻作物病害的功效，是提高生产潜力，改善作物品质的有效途径。

最后谈谈生物有机肥是如何增产增收的。施用生物有机肥后，其中的微生物无论是在自身繁殖的过程中还是在土壤中的生命活动过程中，均会产生大量的赤霉素和细胞分裂素类生长调节物质，这些激素物质在与果树根系接触后，能调节果树的新陈代谢，刺激果树的生长发育。丰富的有机质还可以改良土壤理化性状，改善土壤团粒结构，从而使土壤疏松，减少土壤板结，有利于保水保肥，通气和促进根系发育，为果树提供适宜的微生态生长环境，从而达到增产增收的效果。

综上所述，生物有机肥不仅可以为果树直接提供养分，而且可以活化土壤中的潜在养分，增强微生物活性，促进营养物质转化。丰富的有机质还能改善土壤物理性状，增加土壤团粒结构，增强土壤保肥和供肥能力，提高化肥利用率，间接为作物提供养分。生物有机肥中的有益微生物本身没有肥效，但在繁殖过程中分泌多种代谢产物，抑制有害微生物，促进土壤中养分的转化，提高土壤中养分的有效性，改善作物的营养条件，增加土壤肥力。

那么，如何选用和使用微生物菌肥呢？

（1）选购生物菌肥时，要注意生产日期，不用过期产品，一般超过生产日期1年的生物菌肥活性就会显著降低。

（2）看生物菌肥有无农业部登记证，正规生产厂家的产品都应该有农业部登记证号，省农业厅不批准生物菌肥登记。所以凡是印有××省农肥登记的生物菌肥都是假冒产品，严防普通有机肥冒充生物菌肥。

（3）微生物菌肥还要看活菌数量是否符合国家规定，国家规定生物菌剂有效活菌数≥2亿/g，颗粒状的≥1亿/g，符合生物肥料和生物有机肥的有效活菌数≥2000万/g。切记不合格的生物菌肥不要购买使用。

（4）生物菌肥最好与经过充分腐熟的有机肥混合使用，其效果要远好于单独施用有机肥和生物菌肥。

（5）生物菌肥不宜与化肥直接混合使用，这是因为化学肥料中的高浓度的化学物质对生物菌肥里的微生物有毒害作用，容易杀死菌肥里的有益菌。

（6）微生物菌肥不宜与杀菌剂、杀虫剂、除草剂同时使用，也不要在使用生物菌肥后再实行土壤消毒。

（7）生物菌肥适宜的土壤湿度为60%左右，所以要注意不要在过分干旱时使用。

（8）生物菌肥对于阳光中的紫外线敏感，不宜采用地表撒施，可以在阴天或清晨、傍晚于土壤中施用。

（9）生物菌肥施入土壤后，有一个菌群繁殖壮大的过程，因此，在果树根系开始生长前使用。

陕西富士苹果生产分级标准

参考 GB/T-10651—2008 "鲜苹果"国家标准、农业部 NY/T439—2001 "苹果外观等级标准"及 ZB B31006—88 "出口鲜苹果专业标准",结合山东、陕西全国主要产区苹果种植生产实际,提出富士苹果生产分级标准:

(1)按苹果果径(最大横切面直径,mm),将苹果分为以下几个等级:
≥80,≥75,≥70,≥65。

(2)各个不同果径苹果,按照不同外观指标分为特级果、一级果、二级果。外观指标主要有如下几项:

①色泽:特级果着色面(条红或片红)≥90%,一级果着色面(条红或片红)≥80%,二级果着色面(条红或片红)≥60%。

着色面≥90%

着色面≥80%

着色面≥60%

依据果实着色面积分级

②果形：

果形指数：苹果的纵切面和横切面的比值。二级以上果要求果形指数≥0.7；特级果果形指数＞0.7。

畸形指数：苹果高端肩与底端平面距离减去低端肩与底端平面距离。二级以上果要求畸形指数小于1cm。

果形指数 0.7

畸形指数等于 1cm

畸形指数大于 1cm

③各等级外观分级要求：

等级	着色要求	果面严重缺陷	果面轻微缺陷
特级	着色面≥90%，片红及集中着色的条红，红色浓郁、色调鲜艳	允许总面积小于0.5cm²的轻微碰压伤2处，不变色、不发软，无其他缺陷	外观光洁细腻，允许不超出梗洼的梗锈，果形指数＞0.7，允许畸形小于0.5cm
一级	着色面≥80%，片红及集中着色的条红	允许总面积小于2 cm²的轻微碰压伤，不变色、不发软；允许0.1 cm²的轻微破皮伤1处；允许果面小于0.02 cm²的非腐烂病点1～2处；允许长度小于0.2cm的水裂纹5处。不允许虫果、腐烂、脱水	果面光洁，允许轻微日灼；允许轻微超出梗洼的梗锈，允许果面总面积小于4.5 cm²的轻微网状薄锈；果形指数≥0.7，允许畸形小于1cm

续表

等级	着色要求	果面严重缺陷	果面轻微缺陷
二级	着色度≥60%，未集中着色的条红及浅片红	允许总面积小于2.5 cm^{2}的轻微碰压伤，不变色、不发软；允许0.1 cm^{2}的轻微破皮伤1处；允许果面小于0.04 cm^{2}的非腐烂病点2～3处；允许长度小于0.4cm的水裂纹10处。不允许虫果、腐烂、脱水	无大日灼、果锈、疵点、雹伤；果形指数≥0.7

注：着色及缺陷任何一项达不到要求，打入下一个等级。

现代化的苹果分级生产线（图片引用张立功老师）